智慧升級

JJ 5色廚

用鍋，零失敗料理2

蒸、煮、燉、滷、煎、烤、炒，一鍋多用，美味上桌

82道美味提案

Part1 活力早餐補元氣

Part2 養氣滋補好湯粥

Part3 一鍋搞定全家胃

Part4 家常料理速搞定

Part5 親朋同歡宴客餐

Part6 美味可口下午茶

帶來滿滿幸福的魔力

《萬用鍋，零失敗》第一集出版後，得到意想不到的熱烈回饋，我才發現台灣原來有非常多的萬用鍋愛用者。這一年，透過臉書社團不斷的跟粉絲互動、解答疑問，讓我最感動的，莫過於感受到粉絲們分享成功的喜悅：

「婆婆對我的燉牛肉讚不絕口呢！」

「平常不吃粥的小孩，竟然連吃兩大碗！」

「老公說我做的比餐廳的好吃！」

鼓勵大家親自下廚，為家庭帶來滿滿的幸福，正是我當初寫食譜的初心。我一直相信，餐桌是家庭生活的最大重心——大人小孩邊吃邊聊，生活壓力在咀嚼美食間逐漸釋放。小孩子從媽媽的美食得到關愛，健康心靈茁壯成長，日後繼續透過樸實無華的家庭美食，為重要的人加油打氣。

身為作者，在社團上看到大家分享成品，驅使我要以更嚴謹的態度，寫出更多有趣、溫暖的零失敗食譜。為了把新一代智慧升級的萬用鍋功能發揮得淋漓盡致，這本書新增了不少「素食」及「一鍋兩菜」的菜式，也正好配合時下的飲食文化及煮食趨勢。

有了強大的煮食「武器」，配合書中的指導「秘笈」，讓大人小孩為之瘋狂、願意天天回家的「丹藥」，就可以輕鬆煉成。我將不少傳統的做菜手法簡化，為的是讓大家更輕鬆學習，順利掌握後，便可發揮自己的創意，變成獨一無二的拿手好菜，開趴、節慶、宴客，甚至見公婆，從此都能揮灑自如。

再次感謝家人的協助、飛利浦公司的信任、布克文化給予的自由度，還有粉絲的支持，以及同伴的加油，第二集食譜才能順利出版。

智慧升級

智慧萬用鍋
料理技法大破解

讓你
新手變大廚

飛利浦雙重溫控
智慧萬用鍋HD2141

飛利浦雙重溫控
智慧萬用鍋HD2143

飛利浦雙重脈衝
智慧萬用鍋HD2195

挑一台智慧萬用鍋，好處多多

廚房家電推陳出新，礙於家裡空間有限，選擇一台多功能又省時的廚電就變得很重要了！其實現代廚房只要有一台可以「一鍋抵多鍋」的智慧型萬用鍋，無論要蒸、煮、燉、滷、煎、炒、烤通通都可以做到，對於廚房空間與時間都有限的現代人來說是非常方便的。

但什麼是智慧萬用鍋？萬用鍋本質上就是電子壓力鍋（Electric Pressure Cooker），不同的是還可以開蓋煎炒，達到一鍋多用的效果，完全顛覆一般人對壓力鍋只能密封料理的印象，變身成還可開蓋煎烤炒的電子壓力鍋。

與所有的壓力鍋物理一樣，通過對液體施加壓力，使水可以達到較高溫度而不沸騰，以加快燉煮食物的效率。有多快？在瓦斯爐上需要至少90分鐘才燉好的韓國人蔘雞湯，智慧萬用鍋約45分鐘便OK！5公升的萬用鍋機種，還可放進1.4公斤的全雞，一家六口也夠吃！

料理數據化，
一鍵搞定做菜輕鬆

傳統的壓力鍋是放在爐火上加熱，爐火的大小、溫度的調節，要靠經驗的累積才能做出成功的料理。而市面上的萬用鍋，則把各種肉類、海鮮、蔬菜等不同食材與料理所需的最佳烹調溫度、時間甚至壓力值，都整理成科學數據化的資料庫，並轉化成智慧的模式設計，讓使用者在簡潔的觸控面板上，輕鬆手指按一按，萬用鍋自動煮好，完全零失敗！更進階的機種還強調雙重脈衝科技及雙重溫控科技，前者是指透過脈衝高壓與脈衝微壓，釋放更多食材中的營養；後者指透過頂部及底部的雙重溫控器，精確檢測鍋內食材溫度，智慧調節鍋內的壓力與加熱曲線，讓食材均勻受熱熟成，達到最佳烹調效果。

高階機種還搭載IH大火力加熱技術，讓食材迅速熟成！另外還增加了中途加料、收汁入味、可調壓力值……等最新功能，讓料理口感更升級，使用更便捷。以下便以飛利浦旗艦款機種HD2195做功能說明。

萬用鍋大解剖，3分鐘學會操作

頂蓋

控制面板

火紋鍋防燙手把　　蒸氣閥　　開蓋旋柄

電源線

開蓋按鈕

功能／烹飪選單指示燈

選單／時間選擇鍵

保溫／取消鍵

時長／預約鍵

中途加料鍵

我的最愛鍵

工作狀態指示燈

蒸氣清潔

收汁入味鍵　　壓力選擇／安全鎖鍵　　開始烹飪鍵

7種萬用鍋烹調秘笈大公開

很多人在問第一次使用萬用鍋做料理要怎麼上手？其實很簡單，就只要照著萬用鍋裡的說明指示操作一次就很清楚了。

料理秘笈1／密封模式－蒸煮燉滷

萬用鍋可當成快鍋、壓力鍋、燉鍋、電鍋、電子鍋來使用，無論是煲湯、米飯、煮粥或煮豬肉、排骨、雞肉、鴨肉、牛肉、羊肉、豆類、蹄筋等等都不需看爐火，也不需大廚手藝，新手也能變出一桌美食！以這次示範的養身蒜味滴雞精（P.040），傳統電鍋要花幾個小時，但用萬用鍋的「煲湯」模式從起壓到洩壓全程約50分鐘便OK，密封的環境讓鍋內水分不會消失，中途不用忙著加水！剩下的雞肉撕成絲與小黃瓜絲做成涼拌料理，養生套餐一鍋兩吃好聰明！

料理秘笈2／無水烹調－煎烤炒

無水烹調則是指將萬用鍋當不沾平底鍋使用，無論是炒菜、烤肉、香酥蝦、烤魚、烤雞、焗烤時蔬，甚至烤蛋糕，只要選擇適切的食材類型就能做出零失敗料理。以書中的乾煎虱目魚（P.076）為例，設定無水烹調的「烤海鮮」模式，加一點點油便能把虱目魚皮煎到金黃焦香。

料理秘笈3／中途加料，料理口感有層次

將熟成度落差大的食材一起放入鍋中燜煮，很容易導致食材口感不均的情況發生，運用萬用鍋高階機種的新功能「中途加料」可依據食材熟成的時間進行分段烹煮，達至最佳口感。像是本書介紹的冬瓜蓮子薏仁排骨湯（P.036），同時選擇密封模式的「煲湯」及「中途加料」先燉煮排骨、蓮子、薏仁，等到「中途加料」提示聲響起，再加入冬瓜繼續烹煮，就可以吃到軟嫩的排骨及不過度軟爛的冬瓜囉。

料理秘笈4／收汁入味，料理口味更濃郁

「收汁入味」功能則是在烹調的最後階段持續沸騰，加快收汁，讓食材色、香、味俱全。像是炸醬麵（P.062），先用無水烹調的「烤肉」模式烹煮，再按下「收汁入味」，約收汁10分鐘讓醬汁濃稠，無論拌飯或拌麵都好吃。這也適用於照燒或蜜汁等調理手法。

料理秘笈5／可調的壓力值，要彈牙要軟Q都隨你

雖然智慧化的烹調模式已設定了最佳的壓力值，但料理的口感喜好是很主觀的，尤其在滷豬腳、牛筋或牛肉個人喜好的軟Q度都大不同，像是本書示範的花生海帶滷豬腳（P.106），同樣運用「豆類／蹄筋」模式，但可任選20～50kpa的壓力值，壓力值愈高，口感愈軟爛，精準口感讓好吃度大大提升。

料理秘笈6／健康蒸，吃到新鮮食材原味

在健康掛帥的時代，料理的手法裡我最愛的就是能吃到新鮮食材原味的「清蒸」，「健康蒸」從3分鐘起跳，無論蒸魚或蒸蛋都可以精準調控時間，吃到最佳口感及鮮味。像本書的金銀蒜蓉粉絲蒸蝦（P.102），透過「健康蒸」讓粉絲裡充滿海鮮風味，一上桌就秒殺。

料理秘笈7／好用蒸架，一鍋兩道快速上桌

有時候用餐的人數少，能夠一鍋解決一餐是最方便的。利用萬用鍋內附的不鏽鋼蒸架，就可以做到同步雙層料理，省時又省力，像本書裡介紹的梅子蒸排骨（P.084），下層煮飯，上層蒸梅子排骨，早上出門上班前按「預約」烹煮，下班回來就聞到飯菜香。

對萬用鍋的操作仍有疑問？或是對萬用鍋的料理步驟想知道更多？除了「飛利浦MyKitchen健康新廚法」官網外，還可上由萬用鍋愛好者組成的「飛利浦智慧萬用鍋的料理方法分享園地」Facebook社團，可以交流廚藝與產品知識～～

「飛利浦MyKitchen健康新廚法」
官方網站
http://www.mykitchen.philips.com.tw/

「飛利浦智慧萬用鍋的料理方法分享園地」
https://www.facebook.com/
groups/257779554349366/

食譜內的材料說明，
1 茶匙＝5ml，
1 湯匙＝15ml。

寫在前面

菜單與設定模式快速索引

頁碼	菜單名稱	烹飪模式	示範機型		
			HD2141	HD2143	HD2195
014	蜜紅豆吐司	密封＋無水烹調			●
016	藍莓果醬	無水烹調	●	●	
018	水煮蛋	密封			●
018	茶葉蛋	密封＋無水烹調			●
020	起司活力歐姆蛋卷	無水烹調	●	●	
022	港式蘿蔔糕	無水烹調＋蛋糕			●
026	日式昆布柴魚高湯	無水烹調	●	●	
026	鮭魚豆腐味噌湯	無水烹調	●	●	
028	豬肝魚片粥	密封＋無水烹調			●
030	牛尾蔬菜薏仁粥	無水烹調＋密封＋中途加料	●	●	
032	佛手瓜玉米腰果湯	密封			●
034	鮮菇芥菜干貝雞湯	無水烹調＋密封＋中途加料			●
036	冬瓜蓮子薏仁排骨湯	密封＋中途加料	●	●	
038	竹筍豬軟骨湯	密封	●	●	
040	蒜味滴雞精	密封			●
042	雞翅奶油燉菜	無水烹調＋密封＋中途加料＋收汁入味			●
044	韓國馬鈴薯排骨湯	密封	●	●	
048	紅燒番茄牛肉麵	無水烹調＋密封			●
050	香菇素油飯	無水烹調＋密封			●
052	鮭魚燉飯	無水烹調＋密封			●
054	客家炒板條	無水烹調			●
056	白酒蛤蜊義大利麵	無水烹調	●	●	
058	韓式泡菜鮪魚炒飯	無水烹調	●	●	
060	魩仔魚三色飯	無水烹調	●	●	
062	炸醬麵	無水烹調＋收汁入味	●	●	
064	冰花素煎餃	無水烹調	●	●	
066	素雜錦豆腐餅	無水烹調	●	●	
068	梅干扣肉＋蒸刈包	無水烹調＋密封			●
070	素滷味大拼盤	密封			●
074	日式蒸蛋	健康蒸			●
074	水煮玉米	健康蒸			●
076	乾煎虱目魚	無水烹調			●
078	糯米椒小魚豆干	無水烹調	●	●	
080	番茄炒蛋	無水烹調	●	●	
082	培根炒高麗菜	無水烹調	●	●	
084	梅子蒸排骨	密封	●	●	
086	馬鈴薯泥	密封			●
088	英式黑啤酒燉牛肉	無水烹調＋密封＋中途加料＋收汁入味			●
090	泰式打拋肉	無水烹調			●
092	涼拌松阪豬沙拉	無水烹調	●	●	
094	越南香茅豬肉	無水烹調	●	●	
098	檸檬椒鹽花枝	無水烹調	●	●	
100	糯米丸子	密封			●
102	金銀蒜蓉粉絲蒸蝦	無水烹調＋健康蒸			●
104	韓國生菜包五花肉	密封			●
106	花生海帶滷豬腳	密封＋中途加料	●	●	
108	慢燉豬肋排	細火慢燉＋無水烹調			●
110	印度坦都里烤雞	無水烹調	●	●	
112	西班牙鷹嘴豆燉牛肚	無水烹調＋密封＋中途加料	●	●	
114	手扒雞佐焗烤彩蔬	密封＋無水烹調	●	●	
118	紅糖年糕	無水烹調			●
120	花生湯	密封	●	●	
122	椰奶芒果糯米糍	密封	●	●	
124	鳳梨小蛋糕	蛋糕	●	●	
126	洛神花茶	密封＋無水烹調	●	●	

（註：雖然因機型功能選項略有不同，但在料理手法上，可以選擇溫度相接近的功能選項亦可完成，例如HD2143的烤魚、烤蟹、香酥蝦，可以對照HD2195的烤海鮮，以此類推。）

Part1 活力早餐補元氣

一種紅豆食譜，交織多種吃法

蜜紅豆吐司

_難易度：★★_分量：👤👤👤👤👤_烹調時間：約55分

口味會隨著年齡改變，以前JJ是絕不碰紅豆，印象中過於費工的製作流程讓人卻步。但有了萬用鍋後，發現製作口感綿密的蜜紅豆實在太方便了，大大省去顧鍋時間，只要一個按鈕就完成。夏天可做紅豆冰、冬天加水煮一下變成紅豆湯，連吐司也要抹上厚厚一層蜜紅豆，讓人吃在口中，甜在心裡！

材料	
紅豆	1杯
二砂糖	1/2杯
水	1又3/4杯
吐司	適量
奶油	每片吐司1/2湯匙

延伸菜單 隱

紅豆冰&紅豆湯

製作好的蜜紅豆直接加在挫冰上，就是好吃的紅豆冰。如果想製作紅豆湯，最簡單的方式，就是用湯匙舀幾瓢蜜紅豆，泡上開水化開即是。

步驟

1. 運用量米杯秤好紅豆及水的比例，放進內鍋。合蓋上鎖，選「豆類／蹄筋」模式及「開始烹飪」。
2. 完成提示聲響起，燜15分鐘後開蓋。按「焗烤時蔬」模式及「開始烹飪」，加糖拌勻。
3. 至水差不多收乾成蜜紅豆，取出。
4. 將溫熱的蜜紅豆塗抹在烤好的吐司上，再加上奶油，完成。

Tips
・糖可以先放一半，邊拌邊試味，再依據喜歡的甜度添加。
・蜜紅豆要收乾水分才能抹在吐司上，避免吐司遇水變軟。

鳳梨果醬

延伸菜單

隱

將300克鳳梨去芯，切成0.3公分小丁。另將100克的鳳梨壓成鳳梨汁，果肉濾掉。把鳳梨薄片、鳳梨汁、檸檬汁1茶匙及蜂蜜2茶匙放內鍋，依照右方步驟烹調完成。鳳梨果醬宜盡早食用完畢，不宜久放。

自製百分百的甜蜜美味

藍莓果醬

_難易度：★★ _分量：🧍🧍🧍🧍🧍 _烹調時間：約7分

在舊金山的老同學，常把家裡果園的水果，做成新鮮果醬送鄰居送朋友，讓我好羨慕。怎料有一年同學來訪，帶上一瓶自家手工果醬，好吃到根本來不及塗麵包了！從此，只有100%水果的果醬才會出現在家裡。

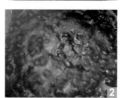

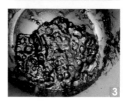

材料		
新鮮藍莓	250克	
蜂蜜	25克	
水	20ml	

步驟

1. 藍莓清洗乾淨。

2. 內鍋加入藍莓、蜂蜜及水，選「烤魚」模式及「開始烹飪」鍵，邊煮邊攪拌，約煮5分鐘至呈凝固狀便完成。

3. 試甜度，可依個人喜好再添加百花蜜等氣味柔和的蜂蜜，選「烤魚」模式及「開始烹飪」鍵再攪拌約1分鐘便可。

4. 將熱的果醬倒進已用100度以上的沸水煮開殺菌的罐子，蓋上瓶蓋鎖緊，放涼後可冷藏保存1個月。

Tips

· 如買不到新鮮藍莓，也可用冷凍藍莓，不需解凍，直接開始烹飪便可。
· 蜂蜜不建議選擇氣味濃烈如龍眼蜜的品種，會蓋住藍莓的原有香氣及風味。

用淡淡的幸福開啓一天活力

水煮蛋&茶葉蛋

_ 難易度：★★ _ 分量：👤👤👤👤👤 _ 烹調時間：約45分

茶葉蛋

水煮蛋

雖然便利超商24小時販售茶葉蛋，但就是少了一股媽媽的味道，尤其是用好茶葉烹煮的茶葉蛋，一開鍋香氣十足，連我都忍不住先吃一個。於是，早餐吃水煮蛋，便當裡放滷蛋或茶葉蛋，代表媽媽跟老婆的愛。

水煮蛋完成囉！

材料

水煮蛋

雞蛋(室溫)	8顆

茶葉蛋

水煮蛋	5顆

茶葉蛋醬汁

紅茶包	2包
滷包	1包
醬油	3湯匙
紅糖	1又1/2湯匙
鹽	1茶匙
水	500ml

延伸菜單 **隱**

滷蛋
同樣步驟也可以煮出好吃的滷蛋。首先將水煮蛋剝殼後，放入沒有紅茶包的醬汁，用同樣方式烹煮即可，看來學會這招一鍋水煮蛋就有好幾種吃法。

步驟

1. 內鍋加水1杯，雞蛋置蒸架上。合蓋上鎖，選「煮粥」模式，壓力值降為20kpa，按「開始烹飪」，完成後便成全熟的水煮蛋。

2. 將煮熟的水煮蛋，用湯匙敲裂蛋殼。

3. 醬汁材料全倒進內鍋，選「烤肉」模式將醬汁燒開後，放入水煮蛋同煮，中途讓蛋翻滾均勻上色，10分鐘後取出紅茶包，以免久煮變苦澀，再煮5分鐘後按「取消」。將醬汁放涼後，連同水煮蛋放入密封盒，冷藏一晚入味。

4. 第二天把醬汁及水煮蛋倒進內鍋，合蓋上鎖，按「再加熱」，完成提示聲響起便能享用茶葉蛋。

Tips
· 水煮蛋煮好後泡冰水，蛋白不黏殼更好剝。
· 茶葉蛋醬汁可加入其他喜歡的茶葉，如烏龍茶、鐵觀音等。紅茶葉久煮會苦，需中途取出。

香濃滑嫩的元氣早餐

起司活力歐姆蛋卷

__難易度：★★★ __分量：👤👤👤👤👤 __烹調時間：約8分

蛋餅

延伸菜單

隱

內鍋加油，選「香酥蝦」模式，油熱倒進蛋液鋪平在鍋底，煎至底部開始凝固時，蓋上市售的蛋餅皮，讓蛋與蛋餅皮黏合。蛋熟後就可翻面，煎至餅皮金黃，用木鍋鏟捲起，即可起鍋。

旅遊時，特別期待飯店的自助早餐，長桌上擺滿水煮蛋、荷包蛋、溫泉蛋、烘蛋，而歐姆蛋卷更是雞蛋料理中的排隊王！自選餡料，交由廚師在自己面前悉心料理，成為量身訂造的好滋味！

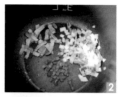
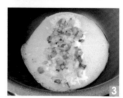

材料

雞蛋	2顆
培根(丁)	2片
洋蔥(丁)	35克
紅甜椒(丁)	1湯匙
乳酪條(焗烤用)	3湯匙
橄欖油	1茶匙
鹽巴	少許
黑胡椒	少許
萵苣	1片

步驟

1. 雞蛋加鹽巴打勻。

2. 內鍋加1/4茶匙油，選「香酥蝦」模式按「開始烹飪」。將培根、洋蔥炒至微焦後，加入紅甜椒略炒，全部取出備用，將鍋底擦乾淨。

3. 內鍋加油，選「烤蟹」模式，按「開始烹飪」。油熱倒進蛋液鋪平在鍋底，煎至底部開始凝固時，將乳酪條置蛋皮偏中間位置；續把3/4分量的培根、洋蔥及紅甜椒放在乳酪上。

4. 然後將蛋皮用鍋鏟捲起並輕壓整形，翻面煎讓蛋液熟透或到自己喜歡的半熟度。

5. 取出裝盤，將剩餘1/4分量的培根、洋蔥、紅甜椒，以及萵苣片灑在蛋卷上，再灑上黑胡椒，完成。

Tips

· 打蛋時用力把空氣打進蛋液裡，煎出來的蛋卷更蓬鬆軟綿。蛋皮半熟時便要捲起，全熟蛋皮容易裂開。

· 歐姆蛋材料也可視自己喜好口味替換。

一天活力的開始
港式蘿蔔糕

_難易度：★★★★　_分量：👫👫👫　_烹調時間：約85分

身為香港人的我，雖人在台灣，但港式蘿蔔糕搭配太陽蛋一直是我不敗的早餐首選，尤其是把港式蘿蔔糕煎得恰恰，太陽蛋不可翻面，淋上醬油膏或辣椒醬，台港一家親的暖心早餐，代表一天活力的開始。

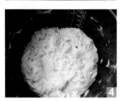

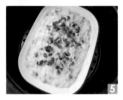

材料

白蘿蔔(去皮)	600克	太白粉	20克
港式臘腸	1條	水	200ml
乾香菇	2朵		
蝦米	1茶匙	**調味料**	
油	2湯匙	糖	1茶匙
		雞粉	1/2茶匙
粉漿		鹽	1/4茶匙
在來米粉	180克	胡椒粉	少許

步驟

1. 臘腸切丁，乾香菇及蝦米分別泡軟瀝乾後切丁。
2. 白蘿蔔去皮，半根削成細絲，半根切成0.4公分粗絲。粉漿拌勻至沒粉狀顆粒。
3. 內鍋加油，選「烤肉」模式，按「開始烹飪」，油熱炒香臘腸、香菇及蝦米。加入全部蘿蔔絲翻炒，加水1湯匙，合蓋將蘿蔔絲煮至變軟呈半透明。按下「保溫／取消」。
4. 倒進粉漿，快速拌勻至成稠糊狀。切記粉漿攪拌愈久，蘿蔔糕則會更有韌度。
5. 之後，將粉漿倒進已抹油的糕盤裡，鋪平並蓋上鋁箔紙。
6. 洗淨內鍋，注水3杯，放入蒸架及糕盤，選「蛋糕」模式，「時長」延長至59分鐘，按「開始烹飪」鍵。
7. 烹調完成提示聲響起，開蓋取出，放涼即可食用。
8. 或是將蘿蔔糕冷藏一夜，之後取出切片，將萬用鍋內鍋加油，按「烤肉」模式及「開始烹飪」，油熱放進蘿蔔糕片，開蓋煎3分鐘翻面，至兩面微焦。

Tips
· 蘿蔔部分切粗絲可保留較多水分，做好的蘿蔔糕才能吃得到蘿蔔。
· 建議最好將蘿蔔糕冷藏過夜，糕身變硬才好切片。

Part2 養氣滋補好湯粥

10分鐘煮一鍋簡單又營養的美味

日式昆布柴魚高湯V.S.
鮭魚豆腐味噌湯

_ 難易度：★★★ _分量：_烹調時間：約10分

日式昆布柴魚高湯

鮭魚豆腐味噌湯

味噌湯對烹飪新手是入門必學料理，暖呼呼的湯品，味噌、高湯加配料不用煮幾分鐘就完成了。上手後，慢慢發覺家裡的味噌湯為何比不上日式餐廳的美味？其實味噌湯看似簡單，最重要卻最常被忽視的高湯，正是打開味道之門的關鍵。日式昆布柴魚高湯自己做，原來一點也不難！

日式昆布柴魚高湯完成囉！

日式昆布柴魚高湯　鮭魚豆腐味噌湯

材料

昆布(10x10公分)	2片	鮭魚頭半顆(剁塊)	500克
柴魚片	40克	豆腐(丁)	1盒
水	1000ml	洋蔥(絲)	1/6顆
		日式昆布柴魚高湯	800ml
		白味噌	2湯匙
		蔥(末)	1株

步驟

1. 日本味噌湯之所以美味在於湯底是用昆布柴魚湯去熬煮，因此先做昆布柴魚高湯。昆布用濕布輕輕的擦拭後，放進內鍋，加水浸泡 15 分鐘。
2. 選「烤魚」模式及「開始烹飪」，水燒開之前把昆布取出。
3. 加入柴魚片，煮1分鐘後按「保溫／取消」，待柴魚片慢慢下沉到鍋底，把高湯裡的柴魚片濾出，便成為昆布柴魚高湯。
4. 再將昆布柴魚高湯倒入內鍋，按「烤魚」模式，煮開後把鮭魚頭、洋蔥、豆腐放進高湯，邊煮邊撈起雜質浮泡。
5. 魚頭全熟後，加入味噌拌至溶解均勻，煮開後加入蔥花，立刻盛碗。

Tips
・昆布不能煮太久，以免高湯變黏稠及產生苦味。
・鮭魚頭可用鮭魚骨或新鮮無鹽鮭魚肉替代，或是旗魚、鯛魚等白肉魚替代。
・味噌可以選甜味比較重的白味噌，也可以把帶鹹的紅味噌跟白味噌混合使用。其次，味噌湯煮太滾燙，風味容易跑掉，因此味噌下鍋，等湯汁一滾便要關火。

滋養身體的、補充氣色的聖品

豬肝魚片粥

難易度：★★★　分量：👤👤👤👤　烹調時間：約40分

小米粥

小米100克洗淨瀝乾放入內鍋，加水1600ml，選「煮粥」及「開始烹飪」鍵，完成後燜10分鐘，盛碗後，可依自己喜好加鹽或糖拌勻，或什麼都不加，直接配菜也好吃。

延伸菜單

隱

萬用鍋是熬粥神器，智慧「煮粥」模式的壓力會讓米粒在短時間化開，入口柔軟滑順。有了綿綿的粥底，簡單加入喜愛的肉類、海鮮或蔬菜配料，組合千變萬化，大家都變成粥王！味道濃郁的豬肝，加上鮮甜的魚片，是JJ至愛的一款粥品。

材料

白米	1杯（量米杯）
鹽	1/2茶匙
油	1/2湯匙
鯛魚	200克
豬肝	200克
水	10杯（量米杯）
薑(切絲)	30克
蔥(切花)	1株

魚片醃料

鹽	1/4茶匙

步驟

1. 豬肝泡冷水1小時，中途換水3次及用手輕壓豬肝擠出血水。沖淨瀝乾後，切片約4～5mm，加入15克的薑絲拌勻。

2. 白米洗淨瀝乾，以鹽及油拌勻，醃20分鐘。

3. 白米放內鍋，加水，合蓋上鎖，選「煮粥」模式及「開始烹飪」鍵。

4. 鯛魚切成0.3公分薄片，用1/4茶匙的鹽醃10分鐘後，沖掉鹽巴瀝乾。

5. 粥底煮好後，打開鍋蓋，放進魚片及豬肝，按「烤海鮮」模式，拌至豬肝及魚片全熟便煮好。

6. 吃的時候，在碗裡灑上薑絲及蔥花，就色香味俱全啦。

Tips · 豬肝要選色澤暗紅色、外表平滑無斑點、無異味才新鮮。

好吃又好玩的暖心湯品
牛尾蔬菜薏仁粥
難易度：★★★　分量：👤👤👤👤👤　烹調時間：約65分

牛尾湯是JJ小時候最愛的西餐湯品，因為好吃又好玩。先有燉煮到骨肉分離的牛尾，骨節間豐富的膠質把嘴唇都黏起來了。小嘴巴用力與「黏膠」搏鬥，才能張口再喝上蔬菜與牛尾交織成的濃郁湯頭。最有趣的是湯裡有一顆顆像「小珍珠」的洋薏仁，牙齒咬下去會回彈，超好玩！

材料			
牛尾	600克	西洋芹	2根
洋薏仁	1/4杯	月桂葉	2片
馬鈴薯	2顆	高湯	1200ml
紅蘿蔔	2根	橄欖油	1/2湯匙
番茄	2顆	海鹽	1茶匙
洋蔥	1顆	黑胡椒	1/4茶匙

步驟

1. 內鍋下牛尾，加水蓋過食材，選「烤雞」模式及「開始烹飪」，開蓋汆燙8分鐘去血水後取出，以清水沖掉雜質。

2. 馬鈴薯、紅蘿蔔及西洋芹削皮切塊約1.5公分。番茄及洋蔥切塊約2.5公分備用。

3. 內鍋加入1/2湯匙油，選擇「烤蟹」模式及「開始烹飪」鍵熱鍋，將洋蔥及西洋芹炒香，再加入番茄、紅蘿蔔略炒。

4. 加入牛尾、洋薏仁、月桂葉、黑胡椒及高湯，按下「牛肉／羊肉」模式，再按「中途加料」，再換「開始烹飪」鍵。

5. 「中途加料」提示聲響起，加入馬鈴薯，合蓋上鎖，繼續烹調。

6. 完成後以鹽巴調味即可盛盤。

Tips ・ 另牛尾可用牛腱或其他部分的牛肉代替。

天然的蔬果素食好吃又健康

佛手瓜玉米腰果湯

難易度：★★ 分量：🧍🧍🧍🧍🧍 烹調時間：約60分

煲湯其實不一定要放肉，第一次用腰果代替肉類煲素湯時，出來的湯出乎意料之外地好喝，香濃的甜味讓素湯不會覺得澀及單薄，蔬果味道更有層次，腸胃舒暢。

材料	
佛手瓜	1顆
紅蘿蔔	1根
玉米	1根
白木耳	1大朵
無鹽腰果	70克
水	1200ml
鹽	茶匙

延伸菜譜 隱

蘋果水梨白木耳湯

蘋果及水梨各3顆去籽皮保留切大塊，白木耳1大朵冷水泡發瀝乾。將蘋果、水梨、無花果乾及紅棗各3顆、南北杏30克及白木耳放內鍋，加水1200ml，合蓋上鎖，按「煲湯」模式，選「壓力值」降至40kpa，按 「開始烹飪」鍵。完成後加鹽巴調味即可。

步驟

1. 佛手瓜去皮去籽切塊，紅蘿蔔削皮切滾刀塊，玉米切段，白木耳冷水泡發後瀝乾撕成小塊。

2. 把所有材料放進內鍋，加水。合蓋上鎖，按「煲湯」模式，選「壓力值」降至40kpa，按 「開始烹飪」鍵。

3. 完成提示聲響起，加鹽巴調味，盛碗。

Tips

· 佛手瓜可用青木瓜或大黃瓜替代。

· 堅果的香濃果仁味是湯頭的甜味及香氣來源，栗子、合桃、花生也是很好的素湯材料。

迎接新年新希望的冠軍年菜
鮮菇芥菜干貝雞湯
＿難易度：★★★＿分量：👤👤👤👤＿烹調時間：約55分

鳳梨苦瓜雞湯

延伸菜單

隱

苦瓜1條洗淨，去籽，刮除白膜以降低苦味，切塊；600克雞腿塊洗淨後，汆燙去血水。把雞腿、苦瓜、小魚乾30克、醬鳳梨1杯、米酒100ml放進內鍋，注水蓋住材料，選「煲湯」，完成後加鹽巴調味便可上桌。

冬天盛產的大芥菜又叫「刈菜」及「長年菜」，每年到市場看到它時，代表一年將盡，全力迎向新的一年、新希望。微苦的大芥菜喜惡兩極化，但只要煮芥菜雞湯時加一顆干貝來提鮮，海味的甘甜化解芥菜的苦味，也使湯水層次豐富，味道甘甜好入口！

材料

雞腿(剁塊)	600克
大芥菜	300克
新鮮香菇	6朵
干貝	1顆
薑	1片
水	1100ml
鹽	適量

步驟

1. 干貝泡水至軟。大芥菜洗淨剝成塊。

2. 內鍋放入雞腿，加水蓋過食材，選「烤雞」模式及「開始烹飪」。汆燙8分鐘去血水後取出，以清水沖掉雜質。如直接加熱水汆燙，5分鐘便可。

3. 把雞腿、干貝、薑片及泡干貝的水放進內鍋，加水，合蓋上鎖後，按「煲湯」模式，將「壓力值」降至30kpa，再選「中途加料」，按「開始烹飪」鍵。

4. 「中途加料」提示聲響起，放入大芥菜及鮮菇，合蓋上鎖繼續烹飪。

5. 完成提示聲響起，加鹽巴調味便可上桌。

Tips

・可先把大芥菜汆燙以去除苦味，再放入鍋內燉煮。

・想要更濃的香菇味，可以乾香菇替代新鮮香菇。將乾香菇泡水至軟後，與雞肉一起下鍋烹煮。

一鍋飽足的懶人聖品

冬瓜蓮子薏仁排骨湯

難易度：★★★ **分量：**👤👤👤👤👤 烹調時間：約55分

夏天胃口差的時候，懶得下廚時，總愛煲上一鍋冬瓜排骨湯，不但消暑，又營養。尤其是將冬瓜皮與冬瓜肉分開煮，利用「中途加料」功能，平凡的冬瓜竟然產生兩種恰到好處的口感滋味！加入蓮子與薏仁，更是一鍋飽足的懶人聖品。

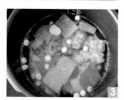

材料

排骨	500克
冬瓜	300克
蓮子	50克
薏仁	60克
薑	1片
水	1300ml
鹽	1/2茶匙

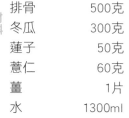

步驟

1. 內鍋加排骨，加水蓋過食材。選「烤雞」模式及「開始烹飪」。開蓋汆燙8分鐘去血水後取出，以清水沖掉雜質。如直接加熱水汆燙，5分鐘便可。

2. 蓮子及薏仁沖洗乾淨。冬瓜切皮留下備用，冬瓜肉切塊。

3. 排骨、冬瓜皮、蓮子、薏仁及薑片放進內鍋，注水，合蓋上鎖。選「煲湯」模式，按「中途加料」鍵，再換「開始烹飪」。

4. 「中途加料」提示聲響起，開蓋加入冬瓜肉，合蓋上鎖繼續烹煮。

5. 完成後加鹽調味。

Tips

· 夏天是冬瓜當季時，品質好的冬瓜，外皮顏色深綠、花紋均勻、形體飽滿、肉質厚重。質量不好的冬瓜外表凹凸不平、蒂頭乾燥。

· 冬瓜全身均營養可食用；冬瓜皮及冬瓜仁可與冬瓜肉同煮，不要浪費。

暖心暖胃，營養價值高

竹筍豬軟骨湯

__ 難易度：★★★ __ 分量：🏃🏃🏃🏃 __ 烹調時間：約55分

台灣一年四季都有不同的筍出產，綠竹筍、烏殼筍、麻竹筍、桂竹筍、都是煮湯的首選。筍愛「吃油」，煮湯最好搭配帶點肥肉的排骨、家鄉肉、帶皮的雞肉，或JJ最愛的帶點肥又滿滿脆感的豬軟骨，燉煮後湯汁豐厚，竹筍口感爽口。

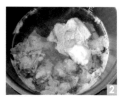

材料

豬軟骨	600克
竹筍	400克
米酒	2茶匙
鹽	適量
水	1000ml

延伸菜單

隱

涼拌竹筍

兩根竹筍連殼洗淨，放入內鍋注水至高於竹筍一半的高度，加入米粒後，選「煲湯」模式。煮好取出泡冷開水放入冰箱冷藏。冰鎮後去殼切滾刀塊，擠上美乃滋便完成。

步驟

1. 竹筍去殼切0.5公分片，泡冷水30分鐘備用。

2. 內鍋下豬軟骨，加水蓋過豬軟骨。選「烤雞」模式及「開始烹飪」，將豬軟骨汆燙8分鐘去血水，取出沖洗表面雜質備用。如直接加熱水汆燙，5分鐘便可。

3. 竹筍及豬軟骨放進內鍋，倒入米酒，注水至蓋滿材料。合蓋上鎖，選「煲湯」模式，按「開始烹飪」鍵。

4. 上桌前撈出浮油，加鹽調味。

Tips
- 竹筍買回來最好泡冷水，及冷水下鍋才能避免苦味。比較容易苦的烏殼筍及麻竹筍先合蓋煮20分鐘後取出，再來煮湯便可避免苦澀。
- 豬軟骨可用其他部位的豬排骨替代。

涼拌雞絲

延伸菜單

隱

泰式甜雞醬95ml、魚露5ml、檸檬汁10ml及糖
1/2茶匙拌均勻成醬汁。將完成滴雞精後的雞肉
放涼，撕成細絲。小黃瓜1條及去皮紅蘿蔔1/4條
切成絲，加入雞絲，倒入醬汁拌均勻便完成。

疲勞散退的零油脂聖品

蒜味滴雞精

_難易度：★★ _分量：👥 _烹調時間：約60分

滴雞精聽起來是奢華的補品，但在家用萬用鍋做滴雞精，半隻雞便能變出一桌美味的晚餐。以高壓把雞肉、雞骨的精華全逼出來成滴雞精，不但時間縮短了，雞肉還保持滑嫩，撕成雞絲做出涼拌菜；雞油炒青菜香噴噴，煮婦就是會精打細算！

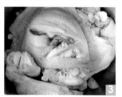

材料		
土雞	1/2隻
蒜頭(去皮)	20瓣

步驟

1. 將土雞裝在塑膠袋裡，用鐵鎚敲碎骨頭。再把土雞清洗乾淨，淋熱水洗去雜質及血水。

2. 內鍋加水1杯。取1個比內鍋小一點的鍋子（可放進內鍋及不超出內鍋高度），將飯碗倒扣在中央，蒜頭放在飯碗旁。

3. 半雞鋪在碗上。合蓋上鎖，選擇「煲湯」模式及「開始烹飪」鍵。

4. 烹調完成，開蓋，小鍋裡蒸出的湯汁便是滴雞精。

5. 將滴雞精過濾雜質後，把浮在表面的雞油撈出，完成 。

Tips

· 可請菜市場攤販代為將雞骨頭敲碎。

· 徹底去雞油方法：滴雞精過濾後，放入密封盒，冷藏過夜。隔天把浮在表面已凝固的雞油用湯匙挖出，便得無油滴雞精。雞油可利用來炒青菜。

一鍋到底營養美味全到齊

雞翅奶油燉菜

_ 難易度：★★★ _ 分量：👨👨👨👨 _ 烹調時間：約45分

心目中最完美的一鍋到底料理，是煮大大一鍋裡，蘊含一餐應有的營養素：有湯、有肉、有菜，吃起來飽足無負擔，還要顏色鮮明活潑，看起來食欲大增，雞翅奶油燉菜絕對是這鍋的第一首選！

材料			
雞翅中段(剁半)	300克	紅蘿蔔	60克
德國香腸(段)	3條	洋蔥	1/2顆
培根(丁)	3片	海鹽	1/2茶匙
蓮藕	120克	黑胡椒	1/4茶匙
牛蒡	100克	雞高湯	900ml
栗子南瓜	80克	鮮奶油	200ml
磨菇	80克	無鹽奶油	10克

步驟

1. 雞翅先用廚房紙巾吸乾水分，以3/4茶匙海鹽、1/2湯匙白酒及少許白胡椒醃漬10分鐘後，再灑上少量麵粉。

2. 蓮藕及紅蘿蔔去皮切2.5公分塊、南瓜連皮切2.5公分塊、牛蒡削皮切斜片、磨菇對切、洋蔥切塊。

3. 選擇「烤雞」模式及「開始烹飪」鍵，將培根煎至非常焦脆後取出。以剩油將醃好的雞翅煎至兩面金黃。

4. 放下德國香腸及洋蔥翻炒至裹上油，續加蓮藕、牛蒡、磨菇、鹽、黑胡椒。

5. 加入高湯，合蓋上鎖，選擇「雞肉／鴨肉」模式，將壓力值降為30kpa。按「中途加料」，再按下「開始烹飪」鍵。

6. 「中途加料」提示聲響起，加入紅蘿蔔及南瓜，合蓋上鎖繼續烹調。

7. 完成提示聲響起，加入鮮奶油及無鹽奶油，按「收汁入味」鍵，邊拌勻邊將湯汁收至自己喜歡的濃度，便可盛盤。

Tips

· 南瓜連皮一起燉煮，除了營養增加，還能保持口感，也避免因烹煮時間過長使南瓜過於軟爛。大南瓜的皮一般纖維過粗，適宜選擇小型的南瓜，如栗子南瓜。

· 比較會燉煮至軟爛的蔬菜則適合切成厚塊，如紅蘿蔔。不怕軟爛如牛蒡則可切片。

韓式馬鈴薯排骨湯

爆炸好吃的道地韓國料理

_ 難易度：★★★ _ 分量：👨👨👨 _ 烹調時間：約70分

韓式炒飯

延伸菜單

隱

剩餘的湯底可別急著倒掉，加入白飯拌一下，再放上煎好的荷包蛋及海苔，就可做成韓式炒飯，超美味。

經過韓國餐廳，別被海報中紅通通的韓式馬鈴薯排骨湯給騙了。這韓味鍋物並沒有想像中辛辣，因為主要的韓國大醬，可是一點也不辣的味噌啊！夏天吃，清爽又開胃；冬天吃，韓國大醬加重點，再搭配辣醬，暖心又暖胃！

材料

| 豬肋排骨 | 500克 |
| 馬鈴薯(去皮切塊) | 300克 |

高湯

洋蔥(去皮)	1/2顆
蒜頭(去皮)	2瓣
白胡椒粒	1茶匙
韓國大醬	1湯匙
清酒	湯匙
蔥	1根
水	1000ml

醬料

薑(末)	1/2湯匙
蒜(末)	1/2湯匙
韓國大醬	1又1/2湯匙
韓國辣醬	1湯匙
糖	1湯匙
清酒	1湯匙

步驟

1. 豬肋排骨放入內鍋加水蓋過食材，選「烤雞」模式及「開始烹飪」，汆燙8分鐘去血水後取出，以清水沖掉雜質。如直接加熱水汆燙5分鐘便可。

2. 把豬肋排骨及所有高湯材料放進內鍋，合蓋上鎖，按「豬肉／排骨」模式，「壓力值」降至30kpa，按「開始烹飪」鍵。高湯完成後，取出豬肋排骨。

3. 將豬肋排骨、馬鈴薯與醬料充分混合，倒進內鍋高湯裡。合蓋上鎖，按「煮粥」模式及「開始烹飪」。

4. 完成提示聲響起，開蓋放入金針菇及韭菜略燙便完成。

Tips ・高湯材料裡的辛香材料，需整顆放入水中煮，不要切開，避免高湯混濁。

Part3 一鍋搞定全家胃

百吃不厭的單純好滋味

紅燒番茄牛肉

_ 難易度：★★★★ _分量：🧍🧍🧍🧍🧍🧍_烹調時間：約100分

回香港與同學聚會，問大家希望JJ煮些什麼台灣料理呢？沒想到「紅燒牛肉麵」以高票當選！JJ版的紅燒牛肉麵沒有用滷包或八角的香料提味，完全是靠蔬菜的甜味及牛肉香氣去撐起這碗原汁原味的濃厚牛肉湯頭，喝入嘴中，感受樸實又單純的好滋味。

材料

牛肋	300g	蔥	5條
牛腱	300g	辣椒	1根
薑	6片	水	800ml
洋蔥(中)	1顆	紅蘿蔔	1條
米酒或紹興酒	70ml	白蘿蔔	1/2條
醬油	100ml	麵	250g
辣豆瓣醬	1又1/2湯匙	青江菜	3顆
番茄	3顆	蔥(末)	1條

步驟

1. 牛肋表面較厚的脂肪去掉，切大塊。牛腱切大塊，白蘿蔔及紅蘿蔔削皮後，用滾刀方式切塊約4公分，洋蔥切塊。

2. 牛肋及牛腱放入內鍋，選「烤雞」及「開始烹飪」，加水蓋過食材，汆燙8分鐘去血水後取出，以清水沖掉雜質。如直接加熱水，汆燙5分鐘便可。

3. 內鍋加1茶匙油，選「烤肉」及「開始烹飪」，先下薑片再放入牛肉煎香。加洋蔥拌炒，依序加入米酒、辣豆瓣醬拌炒後，倒入醬油拌均勻。

4. 加入番茄、蔥和辣椒，倒水至蓋過所有材料。合蓋上鎖，選「煲湯」模式，壓力值降為40kpa，按「開始烹飪」鍵。

5. 烹調完成提示聲響起，開蓋加入紅、白蘿蔔，合蓋上鎖，選「煲湯」，壓力值降為30kpa，按「開始烹飪」鍵。烹調完成提示聲響起，取出內鍋。

6. 取另一內鍋盛水，選「烤雞」模式及「開始烹飪」將水燒開後，將白麵條及青江菜分別煮熟，放入湯碗。再將切塊的牛肉、紅、白蘿蔔及牛肉湯放入，最後擺上蔥花便完成。

Tips
· 牛肋、牛腱及蘿蔔要切大塊，燉煮後才不會化開。
· 建議依據食材特性，分2次燉煮，保持最佳口感。

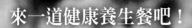

来一道健康養生餐吧！

香菇素油飯

＿難易度：★ ★ ★ ＿分量：👤👤👤👤👤 ＿烹調時間：約35分

延伸菜單

隱

高麗菜麻油雞飯

內鍋加黑麻油，選「烤肉」模式爆香薑片，下雞肉煎至雞肉轉白，放入鮮菇及高麗菜拌炒，下米酒，倒進白米及鹽，加水拌均勻。按「米飯」及「開始烹飪」。烹調完成開蓋加枸杞，把飯翻鬆，燜5分鐘後開蓋，試味道後可加鹽調味盛碗。

身邊愈來愈多朋友吃素，有為信仰，也有為養生。天天吃素並非每個人都習慣，但一星期找兩天不吃肉食，對身體的確減輕不少負擔。平常油膩味濃的油飯，加入香菇、毛豆及枸杞一鍋到底來烹煮，味道清爽，健康養生。

材料

長糯米	2杯(量米杯)
素肉絲	30克
乾香菇	15克
毛豆(去皮)	40克
枸杞	1湯匙
薑	1片
黑麻油	2湯匙
水	250ml

調味料

醬油	2湯匙
鹽	1/2茶匙
胡椒粉	少許

步驟

1. 素肉絲、乾香菇、枸杞分別泡水洗淨後，泡軟瀝乾。長糯米洗淨瀝乾。

2. 內鍋加黑麻油1湯匙，選擇「烤肉」模式及「開始烹飪」鍵，油熱爆香薑片、香菇及素肉絲。

3. 續加黑麻油1湯匙，加入毛豆、糯米及胡椒粉拌炒。當糯米邊緣開始轉半透明，便可加調味料及水拌勻，並將材料鋪平。

4. 合蓋上鎖，選「米飯」模式，按「開始烹飪」。完成提醒聲響起時，開蓋加入枸杞，將油飯拌一下散掉水氣，合蓋再燜5分鐘便可盛碗。

Tips

· 長糯米煮之前不需浸泡。

· 長糯米跟水分（含醬油）的比例約1：0.85，煮出來的糯米飯口感Q彈。

鮭魚燉飯

_ 難易度：★ ★ ★ _ 分量：👤👤👤👤 _ 烹調時間：約35分

野菌燉飯

延伸菜單

內鍋加橄欖油及無鹽奶油，選「烤雞」模式將菇類炒至水分完全蒸發。加入洋蔥炒至半透明，加蒜末炒香，倒進白米拌炒，淋白酒，待酒精揮發後加入高湯（如有泡香菇或牛肝菌水可代替1/4的高湯量），拌勻並將鍋內材料鋪平。合蓋上鎖，按「米飯」模式，烹調完成後拌入鮮奶油及起司，加適量鹽及黑胡椒調味。

平常吃飯慢吞吞又愛挑食的小朋友，看到色彩繽紛、奶香味濃的燉飯，不管裡面有沒有討厭的食材，小手自動握緊湯匙，一口又一口把燉飯往嘴裡送。媽媽用愛心做出的營養漂亮餐點，終於得到孩子的欣賞了！

材料

鮭魚	200克
四季豆(丁)	60克
洋蔥(丁)	1/8顆
玉米粒	100克
白米	1 又3/4杯(量米杯)
白酒	30ml
高湯	240ml
無鹽奶油	10克
鮮奶油	150ml
橄欖油	1湯匙
海鹽	少許
海鹽醃鮭魚用	3/4茶匙

步驟

1. 白米洗淨瀝乾。鮭魚擦乾水分，灑上3/4茶匙海鹽靜置15分鐘。

2. 內鍋加1/2湯匙橄欖油，選「烤海鮮」模式，按「開始烹飪」，放入鮭魚煎熟至微焦，取出用叉子壓碎。

3. 倒進四季豆及少許海鹽翻炒取出備用。

4. 加1/2湯匙橄欖油，將洋蔥炒至半透明，倒進白米拌炒至米的邊緣開始轉透明。

5. 倒入玉米粒拌勻，淋白酒，待酒精揮發後加入高湯，拌勻並將鍋內材料鋪平。合蓋上鎖，按「米飯」模式及「開始烹飪」鍵。

6. 烹調完成提示聲響起，開蓋放入鮭魚及奶油拌一下，倒進鮮奶油拌勻，放上四季豆便完成。

Tips
- 白酒要選不甜的品種，也可用高湯代替。
- 一鍋到底做法：也可以將鮭魚及四季豆留在鍋內與米同煮至熟會更方便，但鮭魚及四季豆的口感會較軟爛。

新手料理零失敗

客家炒粄條

_ 難易度：★★★_分量：👤👤👤_烹調時間：約15分

比起麵食，我更喜歡用米做成的米粉跟粄條，只用加點簡單湯頭或配料，米食本身的米香便被引發出來，尤其是台灣美濃粄條用在來米磨漿後製作，有香濃的米香味，口感Q彈不容易爛，新手料理絕對零失敗。

材料

粄條	300克
豬肉絲	50克
蝦米(小型)	1茶匙
韭菜(段)	30克
綠豆芽	50克
油蔥酥	2茶匙
油	3茶匙

調味料

醬油	1茶匙
醬油膏	1/2茶匙
鹽	1/2茶匙
胡椒粉	1/4茶匙
糖	少許

步驟

1. 豬肉絲先用1/2茶匙醬油及1/2茶匙太白粉醃漬約15分鐘。蝦米泡水瀝乾。
2. 內鍋加油，選擇「烤海鮮」模式及「開始烹飪」，油熱加入豬肉絲翻炒至轉白色，取出。
3. 加油2茶匙，爆香蝦米，倒進粄條翻炒。
4. 豬肉絲回鍋，加入綠豆芽，倒進調味料拌勻，放上韭菜及拌入油蔥酥便可起鍋。

Tips ・注意綠豆芽不要炒過頭，清脆的豆芽讓炒粄條增添口感。

展現食材的原汁原味
白酒蛤蜊義大利麵

難易度：★★★ 分量：👥 烹調時間：約20分

塔香蛤蜊

延伸菜單 隱

內鍋加油，選「烤雞」模式爆香蒜片及辣椒。放進蛤蜊、米酒、醬油膏及糖拌勻，合蓋煮至殼開。放入蔥段及九層塔拌勻即可盛盤。

義大利麵裡的紅醬、白醬、青醬常常把食材的原味掩蓋，吃多乏味。而清爽的白酒蛤蜊義大利麵，強調是食材的原汁原味，優質的橄欖油及白酒，與新鮮蛤蜊釋放的湯汁，結合成富天然海鮮甜味的醬汁，讓人吃完還想再一盤！

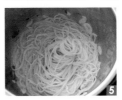

材料			
義大利麵	140克	巴西里(末)	適量
水	2000ml	白酒	2湯匙
鹽	1湯匙	無鹽奶油	1/2茶匙
蛤蜊	600克	橄欖油	3湯匙
蒜(片)	2瓣		
紅辣椒(片)	1根		

步驟

1. 蛤蜊泡鹽水吐沙後瀝乾水。

2. 內鍋加水1200ml，選「烤雞」模式及「開始烹飪」鍵，水燒開後下鹽1湯匙拌勻，接著放入義大利麵，煮至比全熟略為硬的時候，取出麵條瀝乾，拌入少許橄欖油備用。

3. 內鍋水倒掉，擦乾，並倒入橄欖油2湯匙及蒜片，選「烤海鮮」及「開始烹飪」鍵，蒜片開始變微黃時，下紅辣椒及巴西里拌勻。

4. 放進蛤蜊，倒入白酒，合蓋，選「烤雞」模式及「開始烹飪」鍵。中途開蓋數次，陸續把已開口的蛤蜊撈起，放在深盤，蓋上鋁箔紙保溫。

5. 在湯汁裡倒入1湯匙橄欖油拌均勻，倒進剛才煮熟的義大利麵拌炒，當湯汁收乾一半時，加入無鹽奶油拌勻，盛盤。

6. 麵條上放上蛤蜊便可上桌。

Tips

· 蛤蜊殼容易刮傷不沾內鍋的塗層，煮帶硬殼的海鮮最好使用專用的不鏽鋼內鍋。

· 食譜裡使用的義大利麵是長條型，煮麵的時間建議比包裝上標示的縮短1分鐘，避免拌醬後麵條過軟。

色香味俱全的清盤料理

韓式泡菜鮪魚炒飯

＿難易度：★★★＿分量：👫＿烹調時間：約12分

泡菜鮪魚炒飯每一個步驟都有竅門，蔥香、泡菜香、麻油香、鮪魚香、飯香、蛋香等一層一層地堆疊出口感及香味，好吃也很容易做。一邊追劇，一邊扒飯，不自覺地一個人就把兩人分量的泡菜鮪魚炒飯給清盤了！

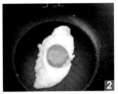

材料

雞蛋	1~2顆	**調味醬料**	
韓國泡菜梗	1/2碗	醬油	1/2湯匙
鮪魚罐頭	90克	韓國辣椒粉	適量
溫白飯	1碗	糖	1/8茶匙
蔥花	1又1/2株	白芝麻	少許
韓式麻油	3茶匙	香油	少許

步驟

1. 泡菜梗剪成末，保留泡菜汁。鮪魚瀝乾汁液。雞蛋打在碗裡備用。

2. 內鍋加麻油1茶匙，選「焗烤時蔬」模式及「開始烹飪」，麻油加熱後，將雞蛋煎至底部微焦及自己喜歡的熟度，取出放盤子上。

3. 內鍋加2茶匙麻油，選「焗烤時蔬」模式及「開始烹飪」，麻油加熱後，將蔥花全浸在油裡爆至香氣出來，放入鮪魚拌炒。接著放下泡菜炒均勻後，將鍋內食材推到一旁。

4. 加醬油在鍋底，待幾秒鐘讓醬油焦糖化但不要焦黑，快速與泡菜、鮪魚拌勻。

5. 倒入辣椒粉及糖，翻炒至泡菜沒水氣，這樣炒飯才不會濕黏。按「保溫／取消」鍵。倒進溫白飯，與泡菜及鮪魚拌均勻。

6. 選「烤肉」模式及「開始烹飪」，翻炒幾下便完成。可以加幾滴香油添香。

7. 盛盤上桌前，可灑上蔥花及白芝麻，蓋上煎蛋便完成。

Tips ・用來炒飯的泡菜要選梗的部分才脆。泡菜放碗裡用剪刀剪，便能保留泡菜汁液。

營養均衡又色香味俱全的聖品

魩仔魚三色飯

_難易度：★★_分量：_烹調時間：約60分

魩仔魚蛋碎三角飯團

延伸菜單

隱

將炒好的吻仔魚及蛋碎與白飯混合後，取適量的分量放進三角飯糰模具定型。取出飯糰後包上海苔片，便成大人、小孩都喜愛的三角飯糰。

在秋天享受一碗大海的味道最好了，像這種魩
仔魚三色飯便是最佳選擇。魩仔魚擁有豐富鈣
質的海鮮美食，而雞蛋是很好的蛋白質來源，
再搭配綠色的四季豆，還有比這更營養的一餐
嗎？

材料

溫白飯	1碗	油	1茶匙
		鹽	少許

蔥香魩仔魚

魩仔魚	100克	**炒豆子**	
蔥(末)	1根	四季豆或醜豆	60克
油	1湯匙	蒜(末)	1瓣
米酒	1茶匙	鹽	1/4茶匙
		油	1茶匙
炒蛋		水	1/2茶匙
雞蛋	1顆		

步驟

1. 魩仔魚：魩仔魚洗淨瀝乾。內鍋加油，選「烤魚」模式及「開始烹飪」。油熱爆香蔥末，加入魩仔魚慢慢炒至水分完全蒸發，下米酒拌炒至酒精揮發，盛盤。

2. 炒蛋：內鍋加油，選「烤魚」模式及「開始烹飪」。油熱倒入蛋液，灑上少許鹽巴，蛋炒熟後用鍋鏟將炒蛋壓碎，盛盤。

3. 炒豆子：四季豆洗淨，撕掉頭尾的蒂部及粗纖維，斜切成片。內鍋加油，選「烤魚」模式及「開始烹飪」。油熱爆香蒜末，下豆子翻炒至豆子轉深，倒入1/2茶匙水，合蓋，當排氣閥蒸氣冒出時，開蓋，灑上鹽巴拌勻便完成。

4. 取適量白飯置碗裡，把魩仔魚、炒蛋及豆子分別放白飯上，便成魩仔魚三色飯。

Tips ・購買魩仔魚時要選味道不刺鼻；顏色帶淺灰，不要過白及過亮。

一學就會的眷村味
炸醬麵

_難易度：★★★ _分量：👨👨👨 _烹調時間：約30分

▮▮ 炸醬茄子

延伸菜單

茄子切滾刀塊。內鍋加油，選「烤肉」及「開始烹飪」，
油熱爆香蒜末，下茄子翻炒至開始變軟，倒進做好的炸醬
拌炒，可加少許鹽巴調味，關蓋燜一下至入味便可盛盤。

隱

台灣跟北京的炸醬呈濃烈發亮的深焦糖色、
香港的京都炸醬橘紅討喜、韓國的黑炸醬
深不見底。各國豆瓣醬料的絕妙調配，風格
大異，但當然是自己老家的百吃不膩！炸醬
跟「炸」毫無關聯，純因醬料食材沉底，表
面浮油活像在油鍋裡炸的模樣，才誤以為是
炸出來的醬。

材料		調味醬料	
粗豬絞肉(肥瘦分開)	300克	黑豆瓣醬	2湯匙
五香豆干(丁)	150克	甜麵醬	2湯匙
油	1/2湯匙	醬油	1湯匙
細拉麵	300克	米酒	1湯匙
小黃瓜(絲)	1根	糖	1又1/2湯匙
紅蘿蔔(絲)	1/2根	雞高湯	200ml
綠豆芽(略燙)	1杯		

步驟

1. 醬料材料拌好備用。選「焗烤時蔬」模式及「開始烹飪」鍵，倒油熱
   鍋，放入豆干炒至微焦取出。

2. 加入肥豬絞肉煸炒，炒至肥肉出油收縮。然後放入瘦豬絞肉，煸炒至所
   有肉丁轉白且邊緣微焦，將豆干回鍋翻炒拌勻。

3. 倒進混合好的醬料，選「烤肉」模式及「開始烹飪」，拌煮5分鐘，按
   「保溫／取消」鍵，再按「收汁入味」鍵，「時長」延長至10～12分鐘
   左右，一直拌煮至醬汁收至濃稠便可取出，炸醬完成。

4. 內鍋洗淨，加水至刻度6～8，選「烤雞」模式將水燒開後，下拉麵煮
   熟，取出瀝乾後放碗裡。再放入喜歡的配料如小黃瓜絲、紅蘿蔔絲、豆
   芽菜、蘿蔔絲、蛋絲、蔥花等，淋上適量炸醬拌勻便完成。

Tips

· 購帶肥的豬肉為首選，肥瘦4：6或3：7，否則做好的炸醬會不夠油潤，肉質口感過柴。

· 豆干容易變壞，含豆干的炸醬適宜當天吃完。也可待要吃時才把豆干煸炒加入炸醬加熱。

· 炸醬做好後需立刻取出，避免鍋內餘溫把醬料水分完全蒸發至過度濃稠。

一鍋兩菜料理好簡單

冰花素煎餃&素雜錦豆腐餅

_ 難易度：★★★ _分量：🧍🧍🧍🧍🧍_烹調時間：約30分

一鍋兩道

冰花素煎餃

豪雜錦豆腐餅

煎與蒸同時進行的一鍋兩菜，單聽起來就覺得好省時！善用萬用鍋的單一模式便能做出餃皮非常脆香、零失敗的冰花煎餃。再利用水煎的18分鐘，更可同時蒸好豆腐餅，讓健康套餐完美上桌。

冰花素煎餃
完成！

冰花素煎餃

材料

水餃皮	30張	素高湯粉	3/4茶匙
青江菜	400克	油	2茶匙
鮮香菇	60克		
紅蘿蔔(去皮)	50克	**麵粉水**	
五香豆乾	3塊	麵粉	1/2茶匙
粉絲	1/2把	太白粉	1/2茶匙
雞蛋(打勻)	1顆	水	100ml
鹽	3/4茶匙		

步驟

1. 粉絲泡水30分鐘取出瀝乾剪成段。內鍋加水至刻度「2」，選「焗烤時蔬」及「開始烹飪」。水燒開後，下青江菜汆燙至軟，取出把水擠乾備用。

2. 內鍋加油1/2茶匙，選「烤蟹」模式，油熱倒入蛋液炒熟，取出備用。

3. 將豆乾及紅蘿蔔切塊，與青江菜、香菇、炒蛋、粉絲、鹽及素高湯粉放進廚神料理機打成末狀，成餡料。

4. 將2茶匙餡料放在圓型水餃皮上，包成餃子，並將生的煎餃冷凍。

5. 想吃時，只要在萬用鍋的內鍋加油，取適量的生煎餃底部朝下鋪在內鍋底，可把煎餃排成圓型，但不要重疊的方式，煎好倒扣在盤子上成一圓餅狀更好看。再倒進由麵粉、太白粉及水打均勻的麵粉水至生煎餃1/3高度。

6. 合蓋後，選「烤雞」模式及「開始烹飪」。等提示聲響起，即可開蓋，待煎餃煎至底部焦脆後便可盛盤。

素雜錦豆腐餅
完成！

素雜錦豆腐餅

材料				調味料	
板豆腐	1盒	薑(末)	1/8茶匙	**調味料**	
榨菜絲	30克	油	1/2茶匙	鹽	1/4茶匙
紅蘿蔔(去皮)	20克	香油	少許	胡椒粉	少許
乾香菇	1顆			香菇粉	1/8茶匙

步驟

1. 榨菜絲泡水10分鐘去鹹，瀝乾。乾香菇泡水至軟。板豆腐用重物壓出水分。然後將榨菜絲、乾香菇、紅蘿蔔切成末，板豆腐壓碎。

2. 內鍋加油，選「焗烤時蔬」及「開始烹飪」鍵，將薑末炒香後取出，與榨菜絲、香菇、紅蘿蔔、板豆腐及調味料混合均勻，倒進深盤。

3. 內鍋加水一杯水，並放入蒸架，將深盤置於上，選「烤雞」及「開始烹飪」，提示聲響即完成，上桌時淋上少許香油更添風味。

延伸菜單

隱

冰花素煎餃&素雜錦豆腐餅一起做

這兩道也可以利用萬用鍋一起烹煮，即省時又省力。首先將冷凍的生煎餃從冰箱裡取出，然後將麵粉、太白粉及水打均勻至沒粉狀顆粒，成麵粉水。在內鍋加油，取適量的生煎餃，底部朝下，不要重疊的鋪在內鍋底，倒進麵粉水至生煎餃1/3高度。再於煎餃空隙處放入蒸架，放上裝有素雜錦豆腐餅的深盤。合蓋後，選「烤雞」及「開始烹飪」。完成提示聲響起，開蓋，取出深盤及蒸架，待煎餃煎至底部焦脆後便可盛盤。切記，當一鍋做兩道菜時，煎餃排列要預留放蒸架的位子，不要把蒸架放在煎餃上導致煎餃的皮因撞擊而破爛掉。

令外國人排隊的台灣經典美食

梅乾扣肉＋蒸刈包

＿難易度：★★★★＿分量：👨👨👨👨＿烹調時間：約30分

・梅乾菜雖然要泡水去鹹，但切勿泡過頭讓梅乾菜完全
　淡而無味。
・豬五花肉選擇肥瘦紋路平均的，口感會較好及不會過
　於油膩。將豬皮先煎過再滷煮，便不會過於熟爛。

傳說蘇東坡住在廣東惠州時，請家廚把東坡肉加入當地客家特產的梅乾菜，變成一道油而不膩，爽口下飯的梅乾扣肉。但將扣肉與梅菜夾在刈包卻是台灣經典吃法，想不到變成國外最瘋狂的排隊美食——從餐車到小酒館都可見到台灣的健康漢堡蹤影，還咬出「虎咬豬」盛名來！

材料

帶皮豬五花肉	600克
梅乾菜	200克
刈包	4個
蒜(片)	6瓣
薑	1片
辣椒(片)	1/2根
油	1湯匙
香油	1茶匙

豬肉醃漬料

蔥白(末)	1茶匙
蒜(末)	1茶匙
醬油	1湯匙
糖	3/4湯匙
鹽	1/4湯匙
米酒	1湯匙

調味料

醬油	1湯匙
冰糖	1湯匙
紹興酒	1/2湯匙
水	200ml

步驟

1. 梅乾菜泡洗1小時，中途換水數遍，去掉泥沙，擠乾水切丁。

2. 內鍋放入整塊豬五花肉，加水蓋過豬肉。選擇「烤雞」及「開始烹飪」，水燒開將豬肉汆燙去血水及定型，取出後沖洗表面雜質並瀝乾。

3. 將豬五花肉的表皮刺洞，放入醃漬料醃漬1小時。

4. 把豬五花肉上的醃漬料抹掉。內鍋加油，選「烤雞」模式及「開始烹飪」，油熱後，豬皮朝下放進豬五花肉塊，合蓋，將豬皮煎至焦香，翻面煎其他面，取出。內鍋的油倒掉。

5. 內鍋加香油，選「烤雞」模式及「開始烹飪」，梅乾菜丁放入內鍋煏乾水分，加入蒜、薑及辣椒拌炒，倒進調味料拌勻。

6. 將豬五花肉泡在梅乾菜上，選擇「豬肉／排骨」模式及「開始烹飪」。

7. 烹調聲響起，取出豬五花肉切片約0.5～1公分厚度，放回梅乾菜上。

8. 放入蒸架及刈包，選「再加熱」模式10分鐘，按下「開始烹飪」鍵。完成後即可盛盤。上桌後將豬五花肉片及梅乾菜夾在刈包內便成。

Part4 家常料理速搞定

吃出營養及健康
素滷味大拼盤
_難易度：★★★_分量：👨‍👨‍👨‍_烹調時間：約45分

週末到大溪，跟著陣陣滷味的香氣走，便會找到大排長龍的滷味攤。滷鍋裡琥珀色的醬汁浸泡著各種滷味──大大小小的豆干、素腸、素雞、豆皮，引人食指大動。其實運用萬用鍋，平常也可在家裡滷上一鍋，有客人來時端出一盤豪華大拼盤，吸引目光！

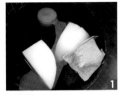

材料

		滷汁	
黑豆干	1塊	市售滷包	1包
素雞	2條	白蘿蔔(去皮)	1/4根(約150克)
炸豆皮	2片	紅蘿蔔(去皮)	1/2根
茭白筍(去皮)	4條	薑片	4片
蓮藕	1節	醬油	50ml
鮮香菇	4朵	冰糖	3茶匙
金針菇	1把	鹽	3茶匙
蔥(末)	1/2根	水	1000ml

步驟

1. 紅、白蘿蔔及滷汁材料全倒進內鍋，選「煮粥」模式，「壓力值」降到20kpa，按「開始烹飪」。滷汁完成，取出紅、白蘿蔔。

2. 將所有材料洗淨瀝乾後，放進內鍋滷汁裡。按「再加熱」，烹調完成後加入紅、白蘿蔔。除炸豆皮及金針菇外，所有材料留在鍋中浸泡10～20分鐘後取出切塊及切片。

3. 炸豆皮浸泡加熱的滷汁，約5分鐘即可切塊，金菇放進滷汁燙熟。

4. 把切好的滷味擺盤，淋上滷汁及灑蔥末，便能享用。

Tips ・紅、白蘿蔔是用來增加滷汁甜味層次，可忽略，或以素高湯代替水分。

延伸菜單

▶ 三杯百頁豆腐

內鍋加黑麻油，選「烤雞」模式煸薑片，加蒜頭及辣椒片煸香。放入百頁豆腐塊煎至金黃，按「焗烤時蔬」模式，倒進米酒、醬油、及冰糖拌炒，合蓋燜煮。按「收汁入味」鍵來收濃醬汁，起鍋前放入九層塔拌炒提香便完成。

一次做好兩道菜的料理

日式蒸蛋VS.水煮玉米

＿難易度：★★＿分量：👨👨👨＿烹調時間：約15分

水煮玉米

日式蒸蛋

一鍋兩道 ★

快要到用餐時間，卻急著出門辦事，這時我會
利用萬用鍋附贈的蒸架，將烹煮時間較接近的
菜式同時放入鍋內，一道水煮，另一道清蒸，
按個鍵，便可以一次做好一餐的料理，超省時
又有效率！

水煮玉米
完成囉！

日式蒸蛋
完成囉！

水煮玉米

材料

玉米	2根
糖	1/2茶匙
水	500ml

日式蒸蛋

雞蛋	2顆
蝦仁	3隻
日式高湯	200ml
鴻喜菇	8朵
鹽	1/4茶匙
蔥(末)	1/2株
香油	少許

步驟

1. 日式蒸蛋準備。雞蛋打發成蛋液，加入高湯及鹽拌均勻，過篩倒進深盤，放入蝦仁及鴻喜菇，蓋上鋁箔紙。

2. 水煮玉米準備。玉米切段，每段約為2.5公分（只要比原廠配件蒸架高度短即可），平鋪內鍋底部。

3. 內鍋放入蒸架，注水。選「烤海鮮」模式及「開始烹飪」。水燒開後，將糖溶於水裡，然後把裝好日式蒸蛋的蛋液深盤置於蒸架上。

4. 合蓋上鎖，選「健康蒸」模式及「開始烹飪」，將「時長」延長至10分鐘，按「開始烹飪」鍵。烹飪完成提示聲響起，開蓋取出蒸蛋深盤，掀開鋁箔紙，灑上蔥末及香油，蒸蛋完成。

5. 取出玉米，瀝乾水分，盛盤。

Tips

· 蛋液過篩可隔阻泡沫，蒸蛋表面才會平滑。同時入鍋前，蓋上鋁箔紙可避免水氣滴在蒸蛋上影響味道及外觀。

· 切記深盤放在蒸架上的高度不能超過最高水位線。

乾煎虱目魚

_ 難易度：★★ _分量：_烹調時間：約10分

到台南遊玩，最期待便是各種做法的虱目
魚。滷魚頭、蛋煎魚腸、虱目魚粥、虱目魚
丸，做法之多，吃一整天都不覺得膩。而無
人不愛的煎魚肚，香脆的魚皮搭配軟嫩細膩
的魚肚，萬用鍋10分鐘就能簡單上桌。

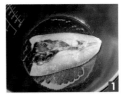

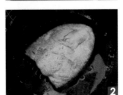

 材料

無刺虱目魚肚1片	（約100克）
鹽	少許
麵粉	適量
油	1茶匙
檸檬	1/8顆

步驟

1. 虱目魚拭乾水分，魚皮劃刀痕。兩面均勻抹上鹽，靜置5分鐘後灑上薄薄一層麵粉。

2. 內鍋加1茶匙油，選擇「烤海鮮」模式，按「開始烹飪」，等油熱後，魚皮朝下放入虱目魚煎5分鐘至金黃，翻面再煎至金黃後取出。上桌時擠一些檸檬汁在魚肉上添香解膩。

Tips ・魚皮劃刀痕可防止魚皮在煎的過程中收縮導至魚肉捲起。魚肉下鍋前務必要把水分徹底吸乾，才可容易達到金黃香煎效果。

延伸菜單

滷虱目魚肚
將醬油、鹽、糖、米酒和水混合成醬汁。選「焗烤時蔬」將蔥段、薑片和蒜末爆香，倒入醬汁煮沸。按「烤海鮮」，將虱目魚肚浸入醬汁，合蓋煮10分鐘即成。

秒殺的家常小菜
糯米椒炒小魚豆干
_ 難易度：★★★ _分量：👤👤👤👤_烹調時間：約10分

家裡附近有一家賣家常小菜的店家，每天最
快賣光的必是糯米椒炒小魚豆乾。這道也是
我家餐桌上最受歡迎的下酒菜，不管炒多大
一盤，一上桌總是被秒殺，還被嫌不夠！

材料

糯米椒	180克
豆干	8片
小魚乾	30克
蒜(片)	1瓣
紅辣椒(片)	1/2根
油	2茶匙

調味料

醬油膏	1茶匙
鹽	少許

步驟

1. 糯米椒洗淨瀝乾，去頭尾切斜段。小魚乾過水瀝乾水分。豆干切片
   約0.3公分。
2. 內鍋加油1茶匙，選擇「烤魚」模式，按「開始烹飪」，油熱後，
   把豆干煎至兩面焦香，移到一旁。
3. 倒油1茶匙，在鍋底爆香蒜片及紅辣椒後，再加入小魚乾炒香。
4. 倒入糯米椒與所有材料翻炒，加鹽及醬油膏拌均勻後便可盛盤。

Tips
· 糯米椒易熟，避免烹煮過久才能保持嫩脆口感。
· 也可以用甜麵醬代替醬油膏，或去掉辣椒，口味更能符合孩子胃口。

有媽媽味道的國民家常菜

番茄炒蛋

_ 難易度：★★★ _分量：👤👤👤_烹調時間：約10分

▶ **滑蛋牛肉**

200克的牛肉片加入醬油1湯匙、糖1/2茶匙、水1茶匙及太白粉1/2湯匙拌勻，冷藏醃漬15分鐘倒入1/2茶匙香油。雞蛋4顆打勻，加1茶匙水及1/4茶匙鹽拌勻。內鍋倒油，選「香酥蝦」模式，將1/4顆洋蔥段炒香取出；續倒油，炒牛肉至8成熟取出。洋蔥、牛肉及蔥花倒進蛋液拌勻，內鍋倒油按「香酥蝦」模式，油熱後倒進蛋液把蛋炒熟便完成。

延伸菜單 隱

別小看國民家常菜的番茄炒蛋，每家口味都不一樣，每個媽媽都有自家的本領，每位都是孩子心中的第一名。JJ家的番茄炒蛋版本，只依賴天然食材的純味，做出女兒心中的媽媽味。

材料

牛番茄	3顆
雞蛋	4顆
青蔥	1根
油	1又1/2湯匙

調味料

糖	1茶匙
鹽	3/4茶匙
太白粉水	1湯匙

步驟

1. 牛番茄切塊，蔥白蔥綠分開切成末。雞蛋打勻。
2. 內鍋加油1/2湯匙，選擇「香酥蝦」模式，按「開始烹飪」鍵，油燒熱後倒進蛋液把蛋炒熟，取出。
3. 內鍋續加油1湯匙，爆香蔥白，放下番茄塊炒軟。
4. 加入糖及鹽拌勻，雞蛋回鍋，倒入太白粉水拌均勻。
5. 盛盤，灑上蔥綠末即可上桌。

Tips

· 番茄選熟軟的，汁液較多，下鍋較快炒軟。炒番茄時注意番茄變軟後，趁還有湯汁時，便是最好的時機拌入調味料及雞蛋，這樣的炒蛋才滑嫩濕潤好下飯。

簡便快速的家常菜
培根炒高麗菜
_ 難易度：★★ _分量：👤👤👤 _烹調時間：約8分

有一位曾在台北工作的香港朋友，每次來台灣旅遊必點一盤熱炒高麗菜解饞！台灣的高麗菜，水分高又清甜，軟中帶脆，百吃不膩，能天天吃到真的是台灣人的福氣。

材料	
高麗菜	300克
培根(3片)	75克
蒜(片)	1瓣
鹽	1/4茶匙
油(可省)	1/2茶匙

步驟

1. 高麗菜洗淨，菜葉撕成塊，菜梗切條。培根切小塊。
2. 選擇「烤肉」模式，按「開始烹飪」鍵，內鍋不加油，將培根平鋪在鍋底，煎至微焦。
3. 下蒜片略爆，加油，先倒入高麗菜梗翻炒，後加高麗菜葉翻炒均勻。
4. 合蓋燜一下至蒸氣從蒸氣閥冒出，開蓋加鹽拌勻，起鍋。

Tips
· 培根切勿煎過頭至完全焦脆，口感不佳。因為培根已有鹹味，所以鹽量要比清炒高麗菜略減。
· 高麗菜會慢慢出水，不需額外加水燜軟。

一次上手的開胃爽口菜
梅子蒸排骨
_ 難易度：★★ _分量：👤👤👤 _烹調時間：約25分

朋友每年都會送我一瓶手工醃漬的紫蘇梅，
梅子的酸能消解肉類的油膩口感，而酸甜爽
口的滋味更是開胃。利用萬用鍋把蒸排骨與
白飯同蒸煮，美味簡餐一步到位。

材料

排骨(豬小排)	450克
鹽	1茶匙
水	2湯匙
太白粉	1茶匙
薑(絲)	1片
紅辣椒(絲)	1/2根
白米	2杯
水	2杯

自製梅子醬

紫蘇梅	3顆
黃豆醬	2茶匙
蒜(末)	2瓣
糖	1茶匙

步驟

1. 排骨加鹽 1 茶匙及水 2 湯匙醃漬10分鐘。
2. 紫蘇梅去籽後切碎、與黃豆醬、蒜末及糖混合後搗爛成梅子醬。將排骨與梅子醬及太白粉拌勻，置深盤中，放上薑絲及紅辣椒絲。
3. 白米洗淨瀝乾，加水放內鍋。放蒸架，將放入排骨的深盤置於其上。合蓋上鎖，選「米飯」模式，按「開始烹飪」鍵。
4. 烹調完成提示聲響起，即可開蓋，梅子排骨及白飯同時完成。

Tips
· 蒸的排骨需要剁成小塊，較好入味。
· 每個品牌的梅子酸甜度不一，梅子醬的糖量可適度調整。

不加奶油更健康

馬鈴薯泥

_ 難易度：★★ _分量：👤👤👤👤 _烹調時間：約30分

餐廳的馬鈴薯泥拌進大量的奶油及肉汁，讓人無法克制地吃，卻又滿肚子罪惡感。將馬鈴薯水煮，拌進青蔥、檸檬汁及橄欖油，健康好吃又有飽足感。非油炸不加奶油的馬鈴薯泥，熱量並不高，口感綿密，與西餐的肉排、海鮮、燉煮非常搭配！

材料

馬鈴薯	700克
蔥(末)	3根
鹽	1/2湯匙
黑胡椒	少許

調味淋醬

初榨橄欖油	3湯匙
檸檬汁	3湯匙
冷開水	1又1/2湯匙
黑胡椒	1/2茶匙

步驟

1. 準備淋醬，攪拌均勻。
2. 馬鈴薯洗淨後放進內鍋，注水，水位高過馬鈴薯2公分。
3. 合蓋上鎖，選擇「米飯」模式及「開始烹飪」，將馬鈴薯煮至熟爛。
4. 烹調完成，取出煮至熟爛的馬鈴薯，剝皮切大塊置深碗裡，放涼。
5. 壓碎馬鈴薯；將蔥末、鹽及黑胡椒，加進馬鈴薯泥拌均勻。再把淋醬與馬鈴薯泥略拌一下便完成。

Tips

· 馬鈴薯要完全涼掉之後再來加蔥花，否則蔥會熟軟，沒有脆度感。
· 可用其他香草代替青蔥，或灑上焦脆的培根更對味。

男女老少通殺料理

英式黑啤酒燉牛肉

_ 難易度：★★★★ _分量：👤👤👤👤👤 _烹調時間：約70分

愛爾蘭黑麥啤酒，喝起來有微微的苦味，屬於男人的啤酒。但以黑啤酒燉牛肉，不但能軟化肉質及去油膩，還為整鍋牛肉添加黑啤酒獨特濃郁的麥芽香氣，吃起來甘甜沒苦味，口感更軟嫩清爽，不管搭配英式薯泥，還是台灣白飯，男女老少都會吃到一滴醬汁也不剩！

材料		調味醬汁	
牛肩肉	800g	黑啤酒	300ml
培根	4片	高湯	400ml
洋蔥	2顆	鹽	1/2茶匙
紅蘿蔔	3條	糖	1茶匙
西洋芹	2根	黑胡椒	少許
番茄糊	60ml		
蒜(末)	4瓣		
百里香	1/4茶匙		
麵粉	適量		

步驟

1. 牛肉、培根、紅蘿蔔、洋蔥及西洋芹切成2.5公分塊狀。牛肉塊灑上薄薄一層麵粉。
2. 選「烤雞」模式及「開始烹飪」鍵，不加油把培根煎至焦脆，取出培根。利用培根煎出來的油，把牛肉煎至表面微焦，取出牛肉。
3. 放下洋蔥及蒜末，灑上鹽巴翻炒至香味出來。
4. 倒入黑啤酒，用木鏟把鍋底黏物刮一下，拌炒至啤酒燒開。
5. 加入牛肉、番茄糊、百里香、糖、黑胡椒及高湯拌勻。合蓋上鎖，按「牛肉／羊肉」模式，再選「中途加料」，按「開始烹飪」鍵。
6. 「中途加料」提示聲響起，放入紅蘿蔔及西洋芹。合蓋上鎖，繼續烹飪。
7. 完成提示聲響起，開蓋，按「收汁入味」，將湯汁收至自己喜歡的濃稠度便可盛盤。建議可搭配馬鈴薯泥吃，別有一番滋味。

Tips

· 喜歡較有咬感的牛肉，按「牛肉／羊肉」後，將「壓力值」降至40kpa便可。
· 如果要給小朋友吃的話，可減少黑啤酒的量，以番茄糊及高湯代替。
· 煎完焦脆的培根，可以壓碎灑在濃湯或馬鈴薯泥上當提味佐料。

泰國平民的美味佳餚
泰式打拋肉

＿難易度：★★★＿分量：♠♠♠♠＿烹調時間：約10分

延伸菜單
隱

豆干炒肉絲

豬肉絲以醬油、糖、胡椒粉、水及太白粉
醃漬15分鐘。內鍋按「烤海鮮」模式將
薄鹽水燒開煮豆干絲2分鐘至入味，瀝乾
備用。選「烤海鮮」模式，內鍋油加熱，
放入肉絲炒至轉白色撥一旁，放入蒜末及
蔥白爆香，加豆干絲翻炒，倒入醬油及糖
拌均勻，加醬油膏及辣椒末拌至醬汁收
乾，即可上桌。

在台灣接受度最高的泰國菜，必是香氣十足，開胃下飯的打拋肉。酸甜鹹辣的滋味、不管配飯、配麵、配吐司，都是泰國平民的美味佳餚。這不是跟台灣的魯肉飯一樣嗎？

材料		**調味醬汁**	
豬絞肉(粗絞)	300克	酒	1湯匙
四季豆(段)	8條	醬油	2湯匙
番茄(塊)	1/2顆	泰式蠔油或老抽	1湯匙
九層塔葉	1/4杯	魚露	1湯匙
蒜(末)	6瓣	糖	1/2茶匙
紅蔥頭	6瓣		
紅辣椒(斜片)	2根		
油	2茶匙		

步驟

1. 除酒外，其他調味醬汁混合備用。

2. 內鍋加油1茶匙，選擇「烤雞」模式，按「開始烹飪」，油熱後加入蒜、紅蔥頭及辣椒爆香後推到一旁。

3. 續加油1茶匙，豬絞肉平鋪在鍋底，底部煎至微焦後翻面煎，另一面也焦香後把絞肉與蒜、紅蔥頭及辣椒拌炒至絞肉8分熟。

4. 加入四季豆拌炒後，灑點酒再炒，再倒入醬料拌均勻，加番茄炒至醬汁收乾。

5. 最後加入九層塔拌勻，便可起鍋。

Tips ．豬絞肉可以用雞絞肉代替。

一菜多吃，便當宴客都適宜
越南香茅豬肉 &
涼拌松阪豬沙拉

_難易度：★★★_分量：👥_烹調時間：約10分

一鍋兩道

涼拌松阪豬沙拉

晚餐與隔天的便當，如何可以省時間一次做好，卻又讓家人保持新鮮感呢？試試這道快速簡便的越南香茅松阪豬肉，不管當便當主菜，還是與蔬菜及酸甜醬汁拌成沙拉，口味不同卻一樣清爽，讓人胃口大開！

越南香茅豬肉

材料

松阪豬肉2塊	2塊(約400克)
檸檬	1/4顆

醃漬料

紅蔥頭(末)	2瓣
蒜頭(末)	2瓣
香茅(末)	1根或香茅粉1湯匙
魚露	1又1/4湯匙
醬油	1/4茶匙
糖	1/4茶匙
黑胡椒	1/4茶匙
油	2茶匙

延伸菜單 隱

越南香茅松阪豬肉飯
如果要做成越南香茅豬肉飯帶便當，可以將松阪豬肉切片，然後鋪在白飯上，再與小黃瓜絲、紅蘿蔔絲及花生放在上面，佐以檸檬及醬汁。

步驟

1. 把醃漬料混合，放入整塊不切片的松阪豬肉，至冰箱冷藏醃漬至少1小時。

2. 選擇「烤雞」模式，按「開始烹飪」，不用加油。內鍋熱後，把松阪豬肉煎至兩邊金黃全熟，即可將煎好的松阪豬肉切片上桌，淋上檸檬汁，風味更佳。

Tips 把松阪豬肉的邊緣剪4〜6道0.5公分小缺口，可避免豬肉片熟後捲起，讓豬肉表面可完全接觸鍋底受熱，達到金黃效果。

涼拌松阪豬沙拉

材料		**調味醬汁**	
紫洋蔥(絲)	1/8顆	魚露	1/2湯匙
小番茄(剖半)	10顆	檸檬汁	2湯匙
紅蘿蔔(薄片)	30克	糖	2湯匙
娃娃菜(切段)	60克	蒜(末)	1/4茶匙
小黃瓜(薄片)	1/2根	薑汁	少許
甜豆	60克	辣椒(末)	1/2根
熟花生米	1湯匙		
香菜	少許		

步驟

1. 洋蔥泡水1小時去辛辣。將醬汁材料攪拌均勻，備用。

2. 香茅松阪豬肉煎好取出後，不用洗內鍋，選「焗烤時蔬」模式，將已洗淨瀝乾的甜豆及豆芽烤熟取出。

3. 把所有蔬菜瀝乾後放深盤，加入已熟的甜豆及豆芽，及松阪豬肉片，與醬汁拌勻，最後灑上花生米便成。

Tips 紅蘿蔔及小黃瓜以水果削皮器削成薄片，更好入味及口感清脆。

Part5 親朋同歡宴客餐

10分鐘上桌下酒菜

檸檬椒鹽花枝

_ 難易度：★★_分量：👫_烹調時間：約10分

冰箱備一些冷凍海鮮，以半煎炸的方式煎
香，簡單裹上香草及海鹽，迅速便能做好一
盤鹹香卻低油的下酒菜，配飯、配啤酒都是
秒殺！

材料		
冷凍花枝	300克
麵粉	2湯匙
油	1湯匙

檸檬胡椒鹽

檸檬皮(碎)	1茶匙
鹽	1/2茶匙
胡椒粉	少許

步驟

1. 將檸檬皮、鹽、胡椒粉混合成檸檬胡椒鹽。
2. 花枝解凍，清洗瀝乾，切成約3Ｘ5公分條狀約後，在表面劃花。
3. 將花枝條上的水徹底吸乾，裹上麵粉。
4. 內鍋加油，選擇「烤海鮮」，按「開始烹飪」鍵。等油熱了後，放入
   花枝，平鋪在鍋底，不要重疊，中途翻面幾次，煎至表面金黃色。
5. 煎好後取出，用廚房紙巾吸乾油，均勻灑上檸檬胡椒鹽，盛盤上桌。

Tips ・解凍冷凍海鮮，建議最好在料理前，才需從冷凍庫取出，用活水沖2～3分鐘即可。

清香四溢、軟糯可口的家鄉菜
糯米丸子

_難易度：★★★_分量：👤👤👤_烹調時間：約40分

在台灣被當成了港式點心的糯米丸子，原名是「簑衣丸子」，其實是道道地地的湖北湘菜！我聽湖北的朋友說，這道可是桌上必備年菜之一，尤其是他爸爸親手做的糯米丸子，糯米Q彈，肉餡細嫩多汁，吃過人的都難以忘懷。

材料

長糯米	60克	**豬肉醃漬料**	
豬絞肉	100克	醬油	2茶匙
蝦仁(去殼)	40克	糖	1茶匙
荸薺(去皮)	30克	鹽	1茶匙
紅蘿蔔(圓片)	10片	米酒	1茶匙
枸杞	10顆	白胡椒粉	少許
香菜	少許	太白粉	2茶匙
鹽	1/8茶匙	香油	少許
		水	2湯匙

步驟

1. 糯米洗淨，加1/8茶匙鹽巴拌勻，泡水3小時後，瀝乾放盤子備用。枸杞洗淨瀝乾。

2. 將蝦仁的水吸乾後剁碎。荸薺剁碎。把蝦仁、荸薺、豬絞肉及醃漬料（除水外）混合，順時針攪拌，途中分幾次加水，不停攪拌至起黏性。

3. 把肉糰捏出每顆約2茶匙的圓球，放在糯米上滾動至沾滿糯米後，用手把米粒輕壓，成糯米丸子。

4. 蒸籠鋪上紅蘿蔔片，再放上糯米丸子。

5. 內鍋加水一杯，放入蒸架及蒸籠。合蓋上鎖，選「雞肉／鴨肉」模式，「壓力值」降為20kpa，按「開始烹飪」鍵。

6. 完成提示聲響起，開蓋後在每顆丸子上放上香菜及枸杞，關蓋燜2分鐘便可將蒸籠取出上桌，趁熱吃。

Tips ·長糯米及圓糯米皆可用。

▍樹子蒸鱈魚

鱈魚擦乾水置盤上。樹子壓碎，與
薑末、蒜末、樹子醬汁、醬油及米
酒拌勻成醬，淋在鱈魚上，再淋上
少許油。內鍋加水1杯，置蒸架及放
入盤子，「健康蒸」8分鐘。完成後
灑些蔥絲及香菜。

五星級菜單搬上桌

金銀蒜蓉粉絲蒸蝦

__難易度：★★★__分量：👤👤👤__烹調時間：約15分

蒜蓉與蝦子是天生的絕配，而金銀蒜更是蒜
香四溢。將一半的蒜蓉炒成金黃色成金蒜，
另一半保留原味為銀蒜，金銀蒜混合，味道
大大提升。鋪底的粉絲吸盡蝦子與蒜香的精
華，驚豔的風味讓人回味。

材料			
白蝦	8尾	糖	1/8菜匙
粉絲	1把	無鹽奶油	1茶匙
蒜(末)	2湯匙	油	1茶匙
青蔥(絲)	1/2株	蒸魚醬油	1/2茶匙
香菜	少許	香油	適量
鹽	1/4茶匙		

步驟

1. 粉絲泡水20分鐘至軟，瀝乾剪成段，鋪在盤子上。

2. 剪刀剪去蝦子頭上的尖刺及鬚腳，背部剪開去黑腸。沖乾淨後用廚房紙巾吸乾水分，再用刀子將蝦子肚子輕輕地橫向劃兩刀，把蝦背壓平一些，蒸煮時才能使蝦身保持平整不收縮彎曲。

3. 內鍋加1茶匙油，選「焗烤時蔬」模式，等油熱加入一半分量的蒜末，用木鍋鏟不斷攪拌，直到蒜蓉變成金黃色。倒入碗中，與剩餘的生蒜蓉、鹽、糖及無鹽奶油混合均勻，便是金銀蒜。

4. 把金銀蒜平均塞入蝦子背部，再把蝦子放粉絲上。

5. 內鍋加水1杯，放入蒸架，按「烤海鮮」模式將水燒開，放入盤子。合蓋上鎖，選「健康蒸」模式，「時長」改為5分鐘，按「開始烹飪」鍵。

6. 完成後，取出盤子，放上蔥絲及香菜，淋上蒸魚醬油及香油便可上桌了。

Tips · 蒸煮海鮮時，最好等水熱才放入食材，在均衡的溫度下，熟度才不會過柴。
· 若選擇冷凍蝦子，最好在吃之前才從冷凍庫取出，並用活水沖2～3分鐘即可，以免讓蝦肉失去鮮甜及緊實。

韓迷必點的夏季下酒菜

韓式生菜包五花肉

_難易度：★★★_分量：_烹調時間：約45分

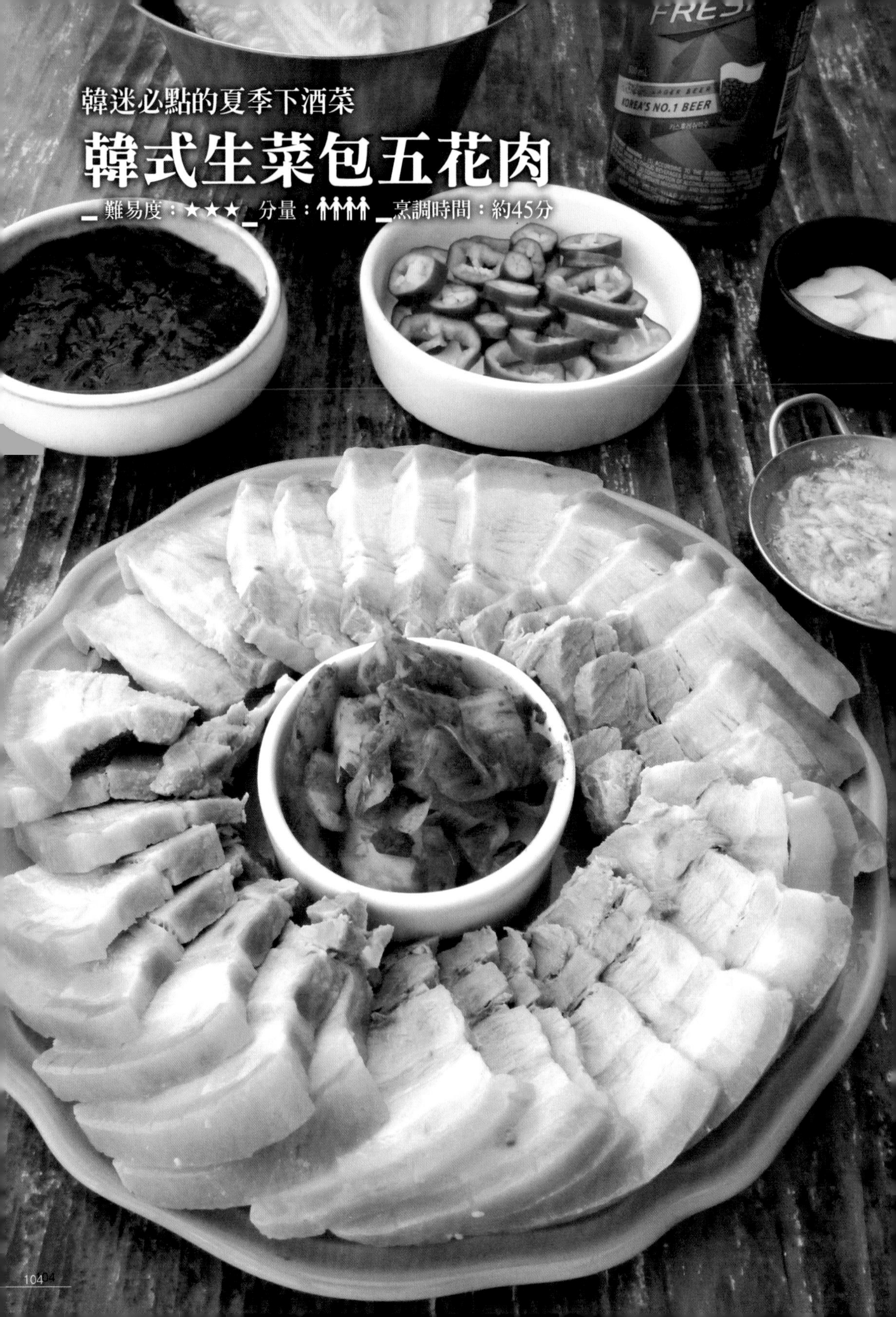

每次看到韓劇裡的水煮五花肉，一下加蒜片豆芽，一下加海苔白飯，點上包飯醬，用生菜包起來一口塞到嘴巴鼓鼓的，看著也餓了！為什麼韓國水煮五花肉特別甜？秘方是加入韓國大醬燉煮，引出豬肉的甜味。但用台灣的優質豬肉來做這道菜，風味更勝，是夏天不可缺的下酒菜啊！

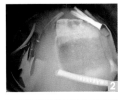

材料

豬五花肉	600克

佐料

萵苣	適量
韓國泡菜	適量
青陽辣椒	少許
蒜片	少許
海苔	1包

燉煮醬料

洋蔥	1/2顆
薑	5克
蔥	1根
蒜頭	1瓣
韓國大醬	1又1/2湯匙
清酒	5湯匙
水	1000ml

沾醬

韓國辣醬	5湯匙
蒜末	2瓣
楓糖	1湯匙
韓國香油	1湯匙
韓國辣椒粉	1茶匙

> **延伸菜單 隱**
>
> **韓國蔬菜粥**
>
> 煮完豬肉的大醬湯鮮甜無比，把湯倒出過濾後用來煮粥非常棒。將洋蔥、紅蘿蔔切碎，內鍋按「烤肉」模式及「開始烹飪」，燒熱少許韓國麻油後，將洋蔥及紅蘿蔔翻炒，再加入洗好的米拌炒，倒入大醬湯。以「煮粥」模式煮好，放入切碎的韭菜及打好的蛋液拌勻，加鹽調味便完成。與水煮五花肉搭配成套餐也很不錯！

步驟

1. 用清酒將韓國大醬拌至溶化，倒進內鍋，加入豬五花肉及其餘燉煮醬料材料。選「烤雞」模式及「開始烹飪」。

2. 待水煮開後，合蓋上鎖，按「煮粥」模式，「時長」延長至30分鐘，按「開始烹飪」。完成後不要開蓋，讓豬肉保溫燜30分鐘。

3. 沾醬混合拌勻，放置一旁。取出豬肉，放涼後切片約0.5～0.7公分厚。

4. 萵苣上放上豬肉片，與適量的韓國泡菜、青陽辣椒、蒜片、海苔等佐料及沾醬一起吃。

豬腳麵線
依照右邊步驟煮好用豬腳
後，可再用另一內鍋煮好麵
線，盛碗後拌入豬腳及醬汁
便完成「豬腳麵線」。

延年益壽好吉利

花生海帶滷豬腳

_難易度：★★★_分量：👤👤👤_烹調時間：約60分

中國人的習俗：生日吃豬腳麵線延年益壽，
潤月請父母吃豬腳麵線趨吉避凶，倒楣時不
能不吃豬腳麵線踢走霉運。加上同是寓意長
壽的花生與海帶，三不五時來一鍋，身體跟
心靈都充滿力量！

材料

豬腳塊	500克	桂皮	5克
花生	120克		
海帶結(未泡發)	20克	**調味醬汁**	
蒜頭	4瓣	醬油	150ml
薑(片)	4片	醬油膏	2湯匙
辣椒	2根	冰糖	2湯匙
蔥(段)	2株	米酒	1湯匙
八角	2顆	水	600ml

步驟

1. 海帶結泡發後洗淨，花生洗淨瀝乾。

2. 內鍋加水1000ml，選「烤雞」模式及「開始烹飪」。待水燒開後，
   放下海帶結汆燙1分鐘後取出瀝乾。接著下豬腳汆燙8分鐘去血水後
   取出，以清水沖掉雜質並瀝乾。內鍋水倒掉洗淨擦乾。

3. 調味醬汁材料拌勻。除海帶結外，全部材料連同醬汁放內鍋。合蓋
   上鎖，選「豆類／蹄筋」模式及「中途加料」，按「開始烹飪」鍵。

4. 「中途加料」提示聲響起，解鎖開蓋，放入海帶結，合蓋繼續烹飪。

5. 完成提示聲響起，整鍋取出即可上桌食用。

Tips · 如用市售已泡發好的海帶結，泡發及汆燙步驟可省略，分量可自行加減。
· 想要醬汁更濃稠，可在完成提示聲響起後，按「收汁入味」，將醬汁收至喜歡的
  濃稠度

細火烹出好味道

慢燉豬肋排

_難易度：★★★_分量：🧍🧍🧍🧍_烹調時間：約130分

下班趕做晚餐，萬用鍋的智慧壓力大大縮短烹飪的時間。到了週末，倒想換個心情過過慢活生活。「細火慢燉」模式把壓力放一旁，純以穩定的溫度滲透食材，慢慢把肉質分解，緩緩將醬香帶進豬肉裡。這豬肋排的肉汁豐潤，肉質滑嫩又有嚼感。食物美味與否，風味與口感同樣重要。

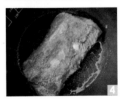

材料

| 豬肋排 | 1公斤 |
| 蘋果(去芯切大塊) | 1顆 |

豬肋排醃漬醬料

洋蔥	1/2顆
蒜頭	4瓣
番茄糊	4湯匙
黃芥末	1湯匙
蘋果醋	4湯匙
紅糖	3湯匙
鹽	1茶匙
橄欖油	1/2湯匙

步驟

1. 把所有醃漬醬料放進廚神料理機打碎成糊狀。將醃漬醬料及豬肋排放入密封袋醃3小時，甚至過夜。
2. 將豬肋排及醃漬醬料全倒進內鍋，豬肋排上鋪上蘋果塊，選「細火慢燉」模式及「開始烹飪」鍵。
3. 烹調完成後取出豬肋排及蘋果塊，按「收汁入味」鍵，將醬汁收至濃稠後倒在碗裡成沾醬。將內鍋洗淨。
4. 豬肋排抹去表面醬料，選「烤肉」模式，放入豬肋排（肉面朝下）及蘋果塊烤至表面焦香後取出，中途要翻面及觀察不要烤焦。
5. 豬肋排切成條狀盛盤，沾醬吃。

Tips ‧細火慢燉2小時，肉質有咀嚼感。想更軟爛可加長「時長」到2.5～3小時。

重現道地印度料理

印度坦都里烤雞

_難易度：★★★★_分量：👤👤👤👤_烹調時間：約60分

薑黃飯

印度坦都里烤雞

一直誤以為「坦都（Tandoor）」是印度的地名，
其實是指用泥土做成的甕爐名稱，然後放進木炭
燃燒來燒烤食物。以印度香料及優格醃漬雞肉，
再放進活像個甕的萬用鍋裡烤，雞肉在高溫下跳
著寶萊塢熱舞，香氣盡出，讓人驚喜萬分！佐以
清爽的蔬菜及薑黃飯，絕配！

材料	
雞肉(棒棒腿剁塊)	600克
無鹽奶油	1湯匙

醃醬

原味優格	4湯匙
瑪莎拉咖哩粉	1又1/2茶匙
紅椒粉	2茶匙
辣椒粉	1茶匙
小茴香粉	3/4茶匙
肉桂粉	3/4茶匙
芫荽粉	3/4茶匙
鹽	2茶匙
檸檬汁	1湯匙
薑(末)	1湯匙
蒜(末)	1湯匙

配菜

番茄	適量
紫洋蔥	適量
小黃瓜	適量

步驟

1. 在雞腿塊上劃1～2刀至肉深處。醃醬材料拌勻放密封袋備用，倒入已擦乾水的雞肉，隔著密封袋將醃醬抹在雞肉上，再按摩雞肉幫助入味，冷藏6～8小時醃漬。烹煮前將雞肉取出回復至室溫。

2. 將雞肉上的醃醬濾乾，抹掉表面醬料備用。

3. 內鍋加入無鹽奶油，選「烤雞」模式及「開始烹飪」，奶油溶化後放進雞肉，合蓋煎烤，中途開蓋數次翻面，確保每一面均煎至金黃皮酥。

4. 起鍋前將筷子插入最厚的腿塊靠近骨頭處，沒有血水流出代表已熟，盛盤。

▶ 薑黃飯

延伸菜單

隱

這印度烤雞配薑黃飯最搭，而薑黃飯的做法也很簡單，只要準備2杯長米、1/4茶匙薑黃粉、1/2茶匙的鹽。先將長米洗淨瀝乾，加入薑黃粉及鹽與米拌勻，倒入2杯水再拌勻。選擇「米飯」模式，按下「開始烹飪」鍵，完成提示聲響起，盛碗即是香噴噴的薑黃飯。

在家也可品嘗馬德里經典美食

西班牙鷹嘴豆燉牛肚

__ 難易度：★★★★_分量：👤👤👤👤👤_烹調時間：約60分

歐洲不少國家跟華人一樣對內臟情有獨鐘。
醬油滷的牛肚大家吃多了，可以學學西班牙
鄉村裡的老奶奶，把牛肚、番茄、洋蔥、豆
子跟隨意摘的香料，通通丟進鍋裡燉煮，大
鍋煮的味道層次讓人驚歎！

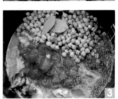

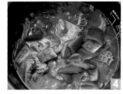

材料		**調味醬料**	
牛肚	600克	白酒	500ml
鷹嘴豆	200克	罐頭番茄丁	400克
洋蔥(丁)	2顆	辣椒(丁)	1根
蒜(末)	4瓣	月桂葉	2片
紅甜椒(塊)	1顆	百里香	1/4茶匙
西班牙辣腸(片)	150克	丁香	6粒
橄欖油	1湯匙	黑胡椒粒	10顆
巴西里	少許	匈牙利紅椒粉	1湯匙
		鹽	1茶匙

步驟

1. 牛肚洗淨泡冷水10分鐘後，沖水瀝乾，切成3～4公分條狀。
2. 選擇「烤蟹」模式及「開始烹飪」鍵，以1/2湯匙油熱鍋後，炒洋蔥及蒜末至洋蔥呈半透明。放入牛肚、臘腸、及1/3分量的紅甜椒拌炒，倒白酒煮開讓酒精蒸發。加入鷹嘴豆及調味醬料的所有食材拌勻。
3. 合蓋上鎖，選「豆類／蹄筋」，按「中途加料」，再按「開始烹飪」。
4. 「中途加料」提示聲響起，即可開蓋加入剩餘的紅甜椒拌勻。合蓋上鎖，繼續烹調。
5. 烹調完成提示聲響起，燜10分鐘後開蓋，灑上巴西里便完成。

Tips

· 白酒可改成高湯，或與高湯以1：1的比例加入。
· 這裡的牛肚口感較Q，如要軟爛的口感，可以把「豆類／蹄筋」模式的時長延長。

炒熱氣氛的必備良菜

手扒雞佐焗烤彩蔬

＿難易度：★★★★★＿分量：👨👨👨👨＿烹調時間：約50分

烤雞總是帶來節慶的歡樂氣氛，不但讓人動手又抓又拔，在大口咬肉後，還要慢慢啃食醃漬入味的骨頭，一定要吃到吮指回味才罷休。西洋烤雞愛用香草，但中式烤雞則改用醬油及五香粉醃漬，與桌上的菜式口味才會搭配加分。

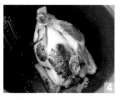

材料

全雞(小型)	1100克
薑塊	1茶匙
蒜頭	1顆
紅蔥頭	6瓣
無鹽奶油	1湯匙

雞肉醃醬

無鹽奶油(室溫)	1茶匙
醬油	3湯匙
鹽	1茶匙
糖	1湯匙
檸檬皮	2茶匙
檸檬汁	2湯匙
五香粉	1茶匙
胡椒粉	1湯匙
米酒	1湯匙

焗烤蔬菜

玉米	適量
紅蘿蔔	適量
秋葵	適量

Tips
· 注意全雞放入內鍋後的高度不要超過「最高水位」線。
· 利用烤雞滴下的雞汁烤蔬菜，蔬菜不需再調味。

步驟

1. 將所有醃醬材料拌勻。
2. 雞切頭切尾，擦乾水，將醃醬抹在雞皮及腹腔裡。把薑、蒜、紅蔥頭及擠完汁的檸檬塞進腹腔內，用棉繩綁好雞腿。把雞放密封塑膠袋冷藏至少4小時，最好醃過夜。
3. 烹煮前將冷藏過的雞先置室溫下回溫，並將雞表面的醃醬抹掉。
4. 內鍋加入無鹽奶油，選「烤雞」模式及「開始烹飪」，奶油溶化後放進全雞，中途數次翻面，將表皮煎至焦黃，取出全雞。
5. 內鍋不需清洗，加水100ml，放入矮的蒸架後放上全雞。合蓋上鎖，選「雞肉／鴨肉」模式，「壓力值」調降至20kpa，「時長」延長至20分鐘，按「開始烹飪」。
6. 烹調完成，取出已全熟的全雞，靜置5分鐘後盛盤。
7. 把內鍋的雞汁及水分倒剩2湯匙，放入蔬菜，選「焗烤時蔬」及「開始烹飪」，合蓋待蔬菜烤熟便完成。

Part6 美味可口下午茶

步步高昇過好年
紅糖年糕

__ 難易度：★★★ _分量：👨👨👨👨👨 _烹調時間：約75分

年糕代表「步步高昇」，因此是年節桌上必備菜單之一。年糕的基本成分就是糯米粉、糖跟水。想要營造年糕的不同深淺顏色呈現，完全看是用什麼糖——黑糖做的年糕就是深咖啡色、黃糖則是淺咖啡、紅糖就是棕紅色。就像水彩般混合幾種糖，便能變出深淺不同的甜年糕來過年了。

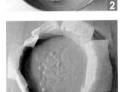

材料

糯米粉	200克
二號砂糖	110克
紅糖	50克
溫水	200ml

步驟

1. 溫水倒進深碗，加入二號砂糖及紅糖，攪拌至糖完全溶解。
2. 加入糯米粉（過篩），邊隔水加熱，邊同一方向攪拌至糯米粉完全沒顆粒，成糕糊狀。
3. 將糕盤鋪上烘焙紙，抹油，糕糊倒入，蓋上鋁箔紙。
4. 內鍋加3杯水，選擇「烤海鮮」模式及「開始烹飪」將水煮開後，放入蒸架及糕盤。合蓋上鎖，選「再加熱」，「時長」40分鐘，按「開始烹飪」。
5. 烹調完成提示聲響起，再選「再加熱」，「時長」20分鐘及按「開始烹飪」。
6. 完成開蓋，取出糕盤，放上紅棗裝飾 。

Tips
・筷子插進中心，完全沒沾代表已熟。
・「再加熱」過程中會排水氣，可在洩壓閥蓋上毛巾吸取蒸氣。

重現深植人心的樸實古早味

花生湯

_難易度：★★_分量：👤👤👤👤👤_烹調時間：約105分

不知大家是否有這樣的童年回憶：在寒冷的
冬天，遠方飄來花生湯香氣引得肚子饑腸轆
轆，坐在賣花生湯老夫妻的長板凳上，油條
沾一下花生湯，咬下去有油條香脆，又有花
生的甜香味，再喝一口花生湯，綿密的花生
仁，無論當早餐或下午茶，身心都得到最大
滿足。

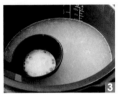

牛奶花生湯

延伸菜單

隱

將水量減少，而且減的量等同要加入鮮奶
的量，但最少要完全蓋住花生仁，花生湯
煮好，加糖後再倒入鮮奶拌均勻即可。

材料		
去皮花生仁	250克	
水	1200ml	
砂糖	150克	

步驟

1. 花生仁洗淨，放進內鍋，注水。

2. 合蓋上鎖，選擇「豆類／蹄筋」模式，「時長」延長至90分鐘，
   按「開始烹飪」鍵。

3. 烹調完成，續燜15分鐘。開蓋加入砂糖拌至溶解便可盛碗。

Tips ・想花生湯更綿密，可預先將花生仁加少許鹽巴泡水6小時，泡好後沖掉鹽水再開
始烹煮。

夏天限定的港式甜點

椰奶芒果糯米糍

＿難易度：★★★＿分量：(約12顆)＿烹調時間：約35分

夏天限定的港式甜點椰奶芒果糯米糍，連外皮也毫不吝嗇地用芒果汁混合糯米粉做成。軟中帶Q的金黃外皮，藏著大顆的愛文芒果肉，鮮甜的芒果香及椰香在嘴巴裡沖擊著，讓人忍不住一顆接一顆吃下肚！

材料

芒果	1顆
椰絲	4湯匙
植物油	2茶匙
水磨糯米粉	150克
白砂糖	40克
熱水	10ml
芒果汁	150ml
椰奶	70ml

步驟

1. 白砂糖加熱水拌至溶解，與過篩後的糯米粉、芒果汁及椰奶拌均勻，成糯米粉漿。

2. 深盤上油，倒進粉漿。內鍋加入1杯水，深盤放蒸架上，合蓋上鎖，按「煲湯」模式及「開始烹飪」鍵。

3. 粉漿蒸好後，將筷子插入糯米糰，如沒有沾黏代表已熟。趁熱時用筷子順時針攪拌至富有黏性及難以攪拌，放涼。

4. 芒果去皮切2公分塊，備用作內餡。

5. 套上手套，沾少許油在手套上，將放涼後糯米糰搓揉至光滑有彈性，切成12等分。將每一分小糯米糰慢慢拉開（可用桿麵棍展開）成薄片，包入芒果餡，朝底部捏緊收口。

6. 整顆沾上椰絲便完成，冷藏後食用。

Tips

· 建議芒果可選擇肉質較硬一點，包時汁液才不易滲出。
· 收口時糯米糰若太多的話，可用剪刀修剪。

酸甜交織的好滋味
鳳梨小蛋糕

_ 難易度：★★★　分量：👫👬_烹調時間：約65分

台灣四季皆有的鳳梨，是烘焙永遠不敗的好食材。姐妹淘聚會、孩子
生日趴、親手以鳳梨做成新鮮的糕點，濕潤的蛋糕中吃到纖維細密
的新鮮鳳梨，甜甜的鳳梨香中泛著微酸，吃多少個都不會膩。

材料

麵糊

無鹽奶油	100克
白砂糖	80克
雞蛋(室溫)	2顆
低筋麵粉	100克
泡打粉	1/2茶匙

鳳梨餡

鳳梨	110克
黑糖	1湯匙
無鹽奶油(室溫)	7克

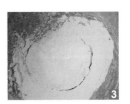
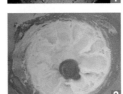

步驟

1. 鳳梨餡：鳳梨切1公分小丁。內鍋加奶油，選擇「焗烤時蔬」模式及
「開始烹飪」。奶油融化後加入鳳梨丁拌炒1分鐘。再按「烤魚」模式
及「開始烹飪」。灑上黑糖，翻炒直到鳳梨的水分蒸發。取出鳳梨放
盤子上放涼。

2. 麵糊：奶油放入攪拌碗打發，加砂糖攪拌。雞蛋分兩次加入並打發成
乳化奶油狀。

3. 麵粉及泡打粉混合後過篩，倒進攪拌碗用刮刀拌勻，續加入已放涼的
鳳梨餡由下往上拌勻。

4. 在6公分直徑的金屬瑪芬模裡上一層薄薄的油，將麵糊倒進模子裡至7
分滿，用刮刀輕輕鋪平，蓋上鋁箔紙。

5. 內鍋加入1杯約200ml的水，放入蒸架，瑪芬模置蒸架上。合蓋上鎖，
選擇「蛋糕」模式，按「開始烹飪」鍵。

6. 完成提示聲響起，取出打開鋁鎳紙，脫模後放涼便可以吃了。

Tips
・鳳梨餡要完全放涼才能加進麵糊，熱的餡料會使奶油融化。
・內餡也可用蘋果、香蕉或其他當季水果替代鳳梨。

調節血壓改善睡眠的健康飲品
洛神花茶

_難易度：★★_分量：👤👤👤👤👤_烹調時間：約35分

新鮮的洛神花像一顆顆巨大的紅寶石，色澤深邃隱約藏著東方的神秘感。最簡單的方法就是把花萼煮沸，讓原本只有淡淡香氣的洛神花，散發出飽滿的洛神芬芳，味道酸甜得宜，讓人陶醉。

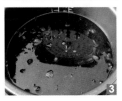

延伸菜單 隱

水果花茶

以洛神花茶為基底，加入新鮮水果如柳橙、莓果、鳳梨等便成好喝的水果茶。

材料

新鮮洛神花	600克
檸檬皮	1顆
冰糖	150克
水	2000ml

步驟

1. 洛神花取出中間的果實，將花萼清洗乾淨。檸檬取皮，皮下白色部分去除乾淨。

2. 洛神花萼及檸檬皮放進內鍋，加水蓋住材料。合蓋上鎖，選擇「煲湯」模式 及「開始烹飪」鍵。

3. 烹調完成，選「烤魚」及「開始烹飪」鍵，開蓋加入冰糖拌至溶解。

4. 將洛神花萼及檸檬皮過濾後便成洛神花茶，冷熱皆宜。

Tips ・想再甜一點，可以喝的時候加點蜂蜜。

智慧升級！萬用鍋，零失敗料理**2**：82 道美味提案

蒸、煮、燉、滷、煎、烤、炒，一鍋多用，美味上桌

作者／JJ5 色廚（張智櫻）

攝影／JJ5 色廚（張智櫻）

美術編輯／Rooney、廖又儀、查理、爾和

執行編輯／李寶怡

企畫選書人／賈俊國

總編輯／賈俊國

副總編輯／蘇士尹

編輯／高懿萩

行銷企畫／張莉滎、廖可筠、蕭羽猜

發行人／何飛鵬

出版／布克文化出版事業部

台北市民生東路二段 141 號 8 樓

電話：02-2500-7008

傳真：02-2502-7676

Email：sbooker.service@cite.com.tw

發行／英屬蓋曼群島商家庭傳媒股份有限公司城邦分公司

台北市中山區民生東路二段 141 號 2 樓

書虫客服務專線：02-25007718；25007719

24 小時傳真專線：02-25001990；25001991

劃撥帳號：19863813；**戶名**：書虫股份有限公司

讀者服務信箱：service@readingclub.com.tw

香港發行所／城邦（香港）出版集團有限公司

香港灣仔駱克道 193 號東超商業中心 1 樓

電話：+86-2508-6231 傳真：+86-2578-9337

Email：hkcite@biznetvigator.com

馬新發行所／城邦（馬新）出版集團 Cité (M) Sdn.

Bhd.41, Jalan Radin Anum, Bandar Baru Sri Petaing, 57000 Kuala Lumpur, Malaysia

電話：+603- 9057 -8822

傳真：+603- 9057 -6622

Email：cite@cite.com.my

印刷／韋懋實業有限公司／卡樂彩色製版印刷有限公司／鴻霖印刷傳媒股份有限公司

初版／2018 年（民 107）2 月 2021 年（民 110）1 月 18 日初版 11.5 刷

售價／新台幣 380 元

ISBN ／ 978-986-95891-7-8

城邦讀書花園
www.cite.com.tw **布克文化** www.sbooker.com.tw **PHILIPS** 飛利浦智慧萬用鍋